U0593934

生物大分子藻胆蛋白的高效制备、活性构象及应用研究

颜世敢 朱丽萍 陈蕾蕾 著

中国水利水电出版社
www.waterpub.com.cn

·北京·

内 容 提 要

生物大分子研究方兴未艾，藻胆蛋白是一种古老的水溶性色素蛋白，属于生物大分子，具有独特的组成、结构、特性和功能，是研究生物大分子结构、活性构象、自组装、能量传递以及光合作用机理的理想材料。商品化的藻胆蛋白已经广泛用作天然色素、荧光试剂等，同时藻胆蛋白还显示出良好的药用价值，如抗氧化、抗病毒、肿瘤抑制、免疫增强等作用。但是，藻胆蛋白制备、交联难度大，导致试剂级的藻胆蛋白售价高，限制了藻胆蛋白的推广应用。本书作者对藻胆蛋白进行了十几年的不懈研究，在藻胆蛋白制备技术、交联技术等关键技术及应用方面取得了一些原创性成果，编写出一部关于藻胆蛋白的专著。本书囊括了藻胆蛋白的高效制备技术、活性构象、标记技术以及应用等方面的最新研究成果和研究进展，具有前沿性、新颖性、系统性、全面性等特点。

本书可作为从事生物大分子、蛋白质学、医学、藻类学、生物化学分析与制备、光合作用机理研究等研究领域的研究生、本科生及相关领域从业者的参考资料。

图书在版编目（CIP）数据

生物大分子藻胆蛋白的高效制备、活性构象及应用研究 / 颜世敢，朱丽萍，陈蕾蕾著. -- 北京：中国水利水电出版社，2018.12（2025.4重印）
ISBN 978-7-5170-7295-9

Ⅰ. ①生… Ⅱ. ①颜… ②朱… ③陈… Ⅲ. ①生物大分子－藻胆朊－制备－研究 Ⅳ. ①Q503②Q949.2

中国版本图书馆CIP数据核字(2018)第290602号

责任编辑：陈 洁　　　　封面设计：王　斌

书　　名	生物大分子藻胆蛋白的高效制备、活性构象及应用研究 SHENGWU DAFENZI ZAODANDANBAI DE GAOXIAO ZHIBEI HUOXING GOUXIANG JI YINGYONG YANJIU
作　　者	颜世敢　朱丽萍　陈蕾蕾　著
出版发行	中国水利水电出版社 （北京市海淀区玉渊潭南路1号D座　100038） 网址：www.waterpub.com.cn E-mail：mchannel@263.net（万水） 　　　　sales@waterpub.com.cn 电话：（010）68367658（营销中心）、82562819（万水）
经　　售	全国各地新华书店和相关出版物销售网点
排　　版	北京万水电子信息有限公司
印　　刷	三河市元兴印务有限公司
规　　格	170mm×230mm　16开本　13.5印张　240千字
版　　次	2019年1月第1版　2025年4月第2次印刷
印　　数	0001—3000册
定　　价	58.00元

凡购买我社图书，如有缺页、倒页、脱页的，本社营销中心负责调换

版权所有·侵权必究

前　言

　　蛋白质等生物大分子的研究方兴未艾，特别是关于生物大分子的结构与功能、活性构象及应用方面一直是研究热点。

　　藻胆蛋白属于生物大分子，是藻类特有的一种古老的水溶性色素蛋白，具有独特的组成、结构、性质和功能，是研究光合作用机理、光能传递、藻类进化的好材料，同时也是研究生物大分子的结构、活性构象、功能、自组装的好材料。商品化的藻胆蛋白已经广泛用作食品和化妆品的天然色素、荧光检测试剂，藻胆蛋白还具有广泛的药用价值，可作为抗氧化剂、抗菌剂、抗病毒剂、肿瘤抑制剂、免疫增强剂等药物使用。

　　藻胆蛋白的性能独特、应用前景广阔，但是由于天然藻胆蛋白只存在于藻类中，而藻类细胞中含有大量的多糖、叶绿素、类胡萝卜素等成分，会严重干扰藻胆蛋白的制备过程，导致藻胆蛋白的分离纯化过程烦琐、得率低、纯度底、效率低、制造成本高，因而造成商品化的藻胆蛋白售价居高不下，限制了藻胆蛋白的应用。

　　藻胆蛋白与蛋白质的交联技术是限制藻胆蛋白在免疫荧光检测领域应用的另一个瓶颈技术。现有的技术还无法做到藻胆蛋白与抗体或另一种藻胆蛋白在位点和数量上的可控、精准交联，导致藻胆蛋白与抗体的交联效率低、质量低，限制了藻胆蛋白荧光检测应用。

　　本书作者围绕限制藻胆蛋白应用的关键技术进行了十几年的不懈研究，在藻胆蛋白的高效制备技术、活性构象、标记技术以及应用等方面取得了一些进展，也有很多经验教训和心得体会，于是萌生了出版专著，与同行进行学术交流的想法。

　　这是一部关于藻胆蛋白的专著，汇集了作者在藻胆蛋白方面十几年的研究成果。本书共分5章：第1章全面介绍了藻胆蛋白的种类、组成、结构、特性、功能及应用概况，以便使读者对藻胆蛋白有一个全面大致了解；第2章介绍了藻胆蛋白高效制备和批量制备的新技术及新方法、新应用，包括固氮菌消化、CHAPS、扩张床层析、双水相萃取、Rivanol-sulfate法、超滤法、阴离子交换pH梯度洗脱法等新型、高效制备方法，既包括天然藻胆蛋白的分离纯化方法又包括基因工程重组藻胆蛋白的制备方法，为藻胆蛋白的高效制备奠定了基础；第3章介绍了藻胆蛋白的活性构象的研究方法和研究结果，包括pH值、温度、光、离子强度、化学交联剂等因素对藻胆蛋白的活性构象的影响，为藻胆蛋白的交联、应用及保存提供了技术保障；第4章是藻胆蛋白的交联技术及其研究进展，包括藻胆蛋白与抗体的交联、藻胆蛋白能量共振转移探针的研制技术等最新研究成果，打通了限制藻胆蛋白作为荧光检测试剂应用的瓶颈技术；第5章是藻胆蛋白的最新应用研究和进展，主要介绍了研究者应用藻胆蛋白进行免疫荧光检查和抗氧化性的研究成果。总之，本书囊括了藻胆蛋白的高效制备技术、活性构象、标记技术以及应用等方面的最新研究成果和研究进展，具有前沿性、新颖性、系统、全面等特点。

本书是由齐鲁工业大学（山东省科学院）的颜世敢教授、朱丽萍副教授和山东省农业科学院农产品研究所的陈蕾蕾研究员共同完成。具体分工为：朱丽萍副教授负责藻胆蛋白活性构象研究部分的编写，陈蕾蕾研究员负责藻胆蛋白抗氧化性研究部分的编写，颜世敢教授负责全书的构思、绝大部分研究内容的编写、统稿和校对工作。

研究成果来之不易，研究过程中得到了中国科学院海洋研究所的周百成研究员、山东大学的张玉忠教授的指导，周先生还在著作的撰写过程中提出了修改意见，在此表示诚挚的感谢！本书的出版还要感谢国家重点研发计划项目（项目编号2017YFC1601400）的资助。

本书可作为从事生物大分子、蛋白质学、生物化学分析与制备、藻类学、医学、光合作用机理等研究领域的研究生、本科生及相关领域从业者的参考书。

由于作者的研究水平和精力所限，著作中难免存在纰漏和错误，请读者在使用本书的过程中及时指出并告知作者，在此提前表示感谢！

作　者

2018年10月

目　录

第1章 绪论

1.1 藻胆蛋白的种类

藻胆蛋白（*Phycobiliprotein*，PBP）是藻类特有的一类色素蛋白，存在于蓝藻（*Cyanobacteria*）、红藻（*Red algae*）、隐藻（*Cryptophyceae*）和少数甲藻（*Pyrrophyceae*）等藻类中，是一类古老的水溶性捕光色素蛋白。32亿年前，藻胆蛋白就伴随着蓝藻出现在地球上，是光合分子中的"活化石"。不同藻类中的藻胆蛋白的氨基酸序列及其核酸序列的差别，成为藻类起源和进化研究以及光合作用机理研究的重要依据。

藻胆蛋白排布在藻细胞的类囊体膜的外表面，不同种类的藻胆蛋白按照一定的顺序和比例自组装成具有特定构象的超分子复合物–藻胆体（*phycobilisomes*），构成藻类的捕光天线，行使高效捕获和传递光能的职能（图1-1）。

到目前为止，利用电子显微镜和扫描隧道显微镜技术已经发现5种结构类型的藻胆体，即维管束状（*bundleshaped*）、半圆盘状（*hemidiscoidal*）、半椭球状（*hemiellipsoidal*）、块状（*blockshaped*）及放射状（*radial*），其中以半圆盘状藻胆体研究的最清楚（图1-2）。半圆盘状藻胆体是由别藻蓝蛋白$(\alpha\beta)_3$三聚体组成的核和藻红蛋白和藻蓝蛋白$(\alpha\beta)_6$六聚体组成的杆两部分构成。杆在核的周围，呈半圆盘状排列在同一个平面内，核附着在类囊体上，六聚体之间通过连接蛋白联系在一起。藻胆体的能量传递有严格的顺序，藻胆蛋白的发色基团被严密地固定和包装在盘状结构中，这些盘顺次堆迭在一起，构成高度有序的藻胆体，加上连接蛋白的调节作用，使能量只能单向传递。能量在光合作用系统内的传递顺序为PE→PC→APC→Chla（Zilinskas & Greenwald, 1986; Rowan, 1989）。每个藻胆体通常含有300~800个藻胆蛋白。光能首先在不同的藻胆蛋白之间传递，最后传递给位于类囊体膜上的反应中心的叶绿素分子Chla。能量在藻胆蛋白内部之间的传递则遵循着由能量高的色素体向能量低的色素体传递

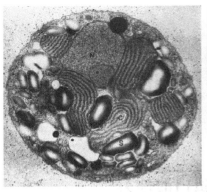

图1-1　红藻紫球藻细胞的电镜图

左图为完整的紫球藻细胞，N为细胞核；C为类囊体膜，其外表面分布有藻胆体和叶绿体；S为淀粉。右图为类囊体膜的局部放大

Fig1-1　Electron microscopy of red algae Chlorella cell

Left is the complete cell，N is the nucleus，C is the thylakoid membrane，with phycobilisomes and chloroplasts on the outer surface，and S is starch. Right is the local magnification of the thylakoid membrane.

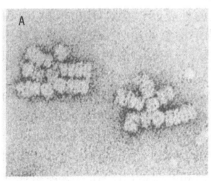

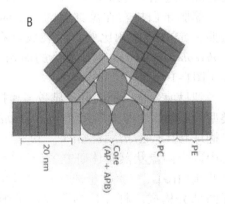

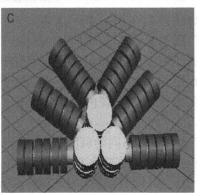

图1-2　半圆盘状藻胆体的结构图

A藻胆体电镜图；B红藻藻胆体模式图；C蓝藻藻胆体模式图

Fig1-2　The structure of the hemidiscoidal phycobilisomes

A，electron microscope of hemidiscoidal phycobilisomes；B，the schema chart of hemidiscoidal phycobilisomes of red algal，C，the schema chart of hemidiscoidal phycobilisomes of cyanobacteria

的规律，藻胆蛋白在藻体内的能量传递效率接近100%（Glazer，1984）。藻胆体的光能传递效率如此之高，是海洋藻类得以在深海中高效利用微弱光能而生存的保障。藻胆蛋白主要吸收蓝光和绿光，特别是海洋藻类，对蓝绿光吸收更多，而对红光吸收较少，这与大多数高等植物的吸光区正好互补。

半圆盘状藻胆体由三个圆柱形的核及多个杆组成。核是由别藻蓝蛋白组成，2个圆柱形核位于类囊体膜上，但第3个核不位于类囊体膜上。红藻的藻胆体的杆由藻红蛋白（红色）和藻蓝蛋白（蓝色）组成，蓝藻的藻胆体的杆全部由藻蓝蛋白组成。每个藻胆蛋白均为六边形的盘状结构，不同藻类的杆在盘的数量和藻红蛋白与藻蓝蛋白的比率上差异很大，取决于藻的种类及生长环境。

根据色基和光谱特征，藻胆蛋白可分为藻蓝蛋白（*Phycocyanin*，PC）、藻红蛋白（*Phycoerythrin*，PE）、藻红蓝蛋白（*Phycoerythrocyanin*，PEC）和别藻蓝蛋白（*Allophycocyanin*，APC）四大类。根据光谱特性及藻的来源，每种类型的藻胆蛋白又分为若干小类，分别冠以前缀B-（红藻红毛菜纲*Bangiphyceae*）、C-（蓝藻门*Cyanophyta*）和R-（红藻门*Rhodophyta*）（周百成，曾呈奎，1990；Marsac，2003）。即藻红蛋白（PE）分为R-PE、C-PE、B-PE和b-PE；藻蓝蛋白（PC）分为C-PC、R-PC。R-PE又细分为R-PE Ⅰ、R-PE Ⅱ和R-PE Ⅲ；C-PE细分为C-PE Ⅰ、C-PE Ⅱ；R-PC细分为R-PC Ⅰ、R-PC Ⅱ。别藻蓝蛋白（APC）细分为APC Ⅰ、APC Ⅱ、APB。常见藻胆蛋白的光谱特征图见图1-3、图1-4。

根据抗原性不同，藻胆蛋白分为4个家族，分别是藻蓝蛋白家族、藻红蛋白家族、别藻蓝蛋白家族和连接蛋白（LcM）家族。藻红蓝蛋白的免疫学特性与藻蓝蛋白相似，但与藻红蛋白差距较大，因此藻红蓝蛋白被列为藻蓝蛋白家族中的一个亚族。每个家族内的各成员间能发生免疫交叉反应，但不同家族的成员间不能发生免疫交叉反应，而且每个成员的光谱特性密切相关，这表明藻胆蛋白分子的进化是一个非常古老的事件，藻胆蛋白分子表面的抗原表位变化非常缓慢（王广策等，2000）。

从基因序列看，藻胆蛋白的亚基具有很高的保守性，可能来自同一祖先基因。藻胆蛋白的各亚基间也具有相似性。藻红蛋白的β亚基比α亚基的基因保守，α亚基倾向于小区域保守，而β亚基倾向于大片段的保守。Kim等（1997a；b）报道紫菜的两个种：*Porphyrayezoensis*和*Porphyratenera*，其PE基因的核苷酸序列与其他属红藻的同源性达80%~89%，与蓝藻的同源性为64%~73%（α亚基）和61%~71%（β亚基）。极大螺旋藻（*Spirulina maxima*）与其他蓝藻的别藻蓝蛋白基因的核苷酸序列和氨基酸序列存在同

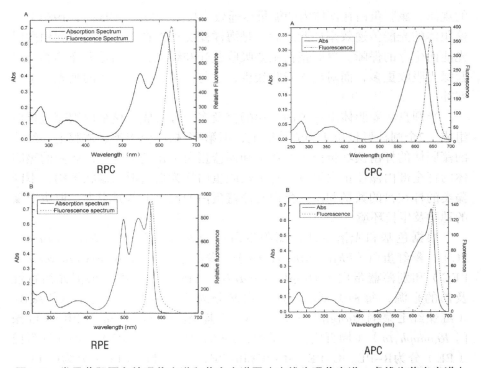

图1-3　常见藻胆蛋白的吸收光谱和荧光光谱图（实线为吸收光谱，虚线为荧光光谱）

Fig1-3　Absorption and fluorescence spectra of common phycobiliproteins（solid line is absorption spectrum，dashed line is fluorescence spectrum）

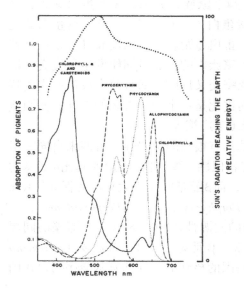

图1-4　常见的色素分子（藻胆蛋白、叶绿素、类胡萝卜素）的吸收光谱曲线

Fig1-4　Absorption spectra of common pigment molecules（phycobiliproteins，chlorophyll，carotenoid）

源性，且β亚基的保守性高于α亚基。Apt 等（1995）比较了100种藻胆蛋白的氨基酸序列，发现藻胆蛋白中存在许多高度保守的氨基酸残基，且藻胆蛋白的构象形成、色基的连接、α亚基与β亚基间的相互作用以及藻胆体的装配等，都发生在保守残基上。藻胆蛋白的α亚基和β亚基是由同一蛋白质祖先协同进化而来。

藻蓝蛋白和别藻蓝蛋白存在于所有种类的蓝藻和红藻中，藻红蛋白出现于所有种类的红藻和部分种类的蓝藻中，藻红蓝蛋白仅出现于某些种类的蓝藻中。光波长影响藻类合成藻胆蛋白的种类，绿光照射时藻类会累积更多的藻红蛋白，而红光照射时，会生产更多的藻蓝蛋白，这个过程称为互补色适应性，是藻细胞最大限度利用可见光进行光合作用的一种方式。

1.2 藻胆蛋白的组成

藻胆蛋白由脱辅基蛋白（*Apoprotein*）和作为辅基的藻胆素（*Phycobilins*）色基两部分组成。藻胆素的A或D环，或A、D两环同时与脱辅基蛋白的半胱氨酸残基通过硫醚键共价结合，只有用酸、碱或酶处理才能将二者分开。

藻胆素是链状四吡咯化合物，含有四个吡咯环，是环状四吡咯血红素的代谢产物，是藻光合作用重要的光感受器。藻胆素与血红素不同，不含金属离子，它与特定的半胱氨酸共价偶联。已知的藻胆素有四种类型：藻红胆素（*Phycoerythrobilin*，PEB）、藻蓝胆素（*Phycocyanobilin*，PCB）、藻尿胆素（*Phycourobilin*，PUB）和藻紫胆素（*Phycobiliviolin*，PXB）。四种藻胆素互为同分异构体，分子量约为0.6kDa，差异表现在$\Delta 2$，3、$\Delta 4$，5及$\Delta 15$，16的双键位置的不同。不同藻胆素的种类、连接位置及连接方式不同（图1-5）。共轭双键的数目不同是造成藻胆素颜色差异的分子基础。PEB、PCB、PUB、PXB四种藻胆色素共轭双键的数目分别为6、9、7、5个。藻胆素所含的共轭双键数目越多则其吸收波长越长。不同的色基具有不同的颜色和特定的吸收波长，如PEB的吸收波长为550nm，显红色；PCB的吸收波长为660nm，显蓝色；PUB的吸收波长为495nm，显黄色；PXB的吸收波长为590nm，显紫色。藻胆蛋白分子共价结合的色基数目较多，每个亚基上连接1~4个色基，而且藻胆蛋白分子可以结合不同种类的色基。色基种类和数量的不同决定了藻胆蛋白吸收波长和颜色的不同。藻红蛋白为亮红色，最大吸收波长为$\lambda_{max}=540\sim570$nm，荧光发射峰为$E_m=577$nm；藻蓝蛋白显蓝色，$\lambda_{max}=610\sim620$nm，$E_m=637$nm；藻红蓝蛋白显橙色，

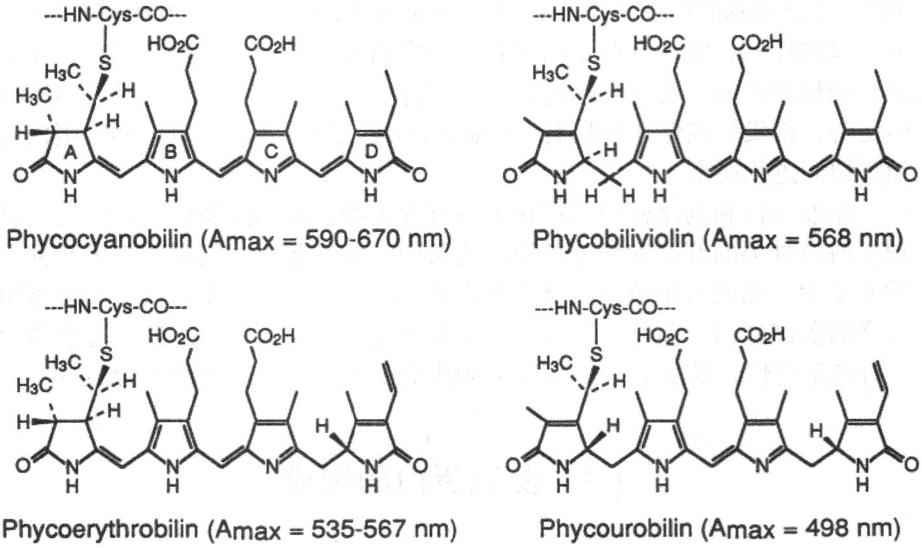

图1-5　藻胆素色基的结构

Fig1-5　Structures of the natural phycobilins.

λ_{max}=560~600 nm，E_m=607 nm；别藻蓝蛋白显天蓝色，λ_{max}=650~655nm，E_m=660nm。

　　藻胆蛋白分子含有两条结构相似的多肽链α和β，即α亚基和β亚基，是藻胆蛋白的基本结构单位。α亚基和β亚基分别含有160~180个氨基酸残基，α亚基的分子量为10~19kDa，β亚基的分子量为14~21kDa，每个亚基连接着1~4个色基，使藻胆蛋白具有特定的吸收光谱（Bennett & Bogorad，1971；Glazer &Cohen-Bazire，1971；O'Carra & Killilea，1971；Gysi & Zuber，1974）。两种亚基通常以1∶1的比例构成藻胆蛋白的单体(αβ)（MacColl，1998）。在藻红蛋白中还存在第三种亚基——γ亚基，它不仅是色基，还发挥连接蛋白的作用（Sun et al.，2003）。

　　藻胆蛋白亚基则由脱辅基蛋白和开链的四吡咯环发色团——藻胆素组成，藻胆素通过硫醚键与脱辅基蛋白的具有保守性的半胱氨酸残基共价连接，主要是通过四吡咯环中的A环上的乙烯基双键与相应的脱辅基蛋白特定的半胱氨酸残基共价偶联。各种亚基含有的氨基酸数目相差不大，约170个氨基酸。

　　藻胆蛋白的单体(αβ)倾向于形成更高的聚集体$(αβ)_n$。一般来说，藻胆蛋白的α亚基与β亚基先形成稳定的单体(αβ)，再由单体聚合为多聚体$(αβ)_n$。从蓝藻和红藻中分离的藻胆蛋白是三聚体$(αβ)_3$或六聚体$(αβ)_6$（Berns & Edwards，1965；MacColl et al.，1971；1980；

1981）。藻红蛋白因含γ亚基，多以稳定的$(\alpha\beta)_{6\gamma}$六聚体的形式存在（Gantt，1990；Glazer & Hixson，1977）。与PE、PC相比，APC聚合体的结构相似，但聚合程度不如PE紧密，其色基间的氢键连接也与PE、PC不同（Liu et al.,1999）。别藻蓝蛋白通常以三聚体的形式存在，但*Cyanidiumcaldarium*的别藻蓝蛋白主要以六聚体的形式存在（王广策，2000a）。在弱酸性、硫氰盐的阴离子缓冲液或高氯酸盐溶液中能获得别藻蓝蛋白和C-藻蓝蛋白的单体（MacColl et al.，1971；1980；1981；1983）。在各种变性条件下能获得α和β亚基（MacColl & Guard-Friar，1983）。但非变性条件下，要实现α和β亚基的分离是困难的（Bermejo et al.，1997）。

纯化的藻胆蛋白在溶液中的聚集态往往与藻胆蛋白的种类、蛋白浓度、溶液的pH值和离子强度等因素有关，在各聚集态之间存在着一定的动态平衡关系（Berns & MacColl，1989；MacColl，1998）。藻蓝蛋白在溶液中通常是单体、三聚体、六聚体的混合物（Chaiklahan et al.，2012），但通常以三聚体为主（Patel et al.，2005）。例如，CPC在接近其等电点（pI=5～5.5）时，以六聚体$(\alpha\beta)_6$为主要存在形式；而在pH值为6.8时，则以三聚体为主；在pH值为5.4，离子强为0.2，蛋白质浓度为0.6mg/mL时，存在六聚体与单体间的平衡；在pH值为6.8，蛋白浓度较低时，则存在着三聚体与单体间平衡；而当蛋白质浓度很高时，即使是pH值为6.8，仍以六聚体与单体间的平衡占优势。而藻红藻白由于含有γ亚基，在一个很宽的pH值范围内均以稳定的六聚体$(\alpha\beta)_{6\gamma}$形式存在。藻胆蛋白不同的聚集态呈现不同的光谱表征（表1-1）。

构成藻胆蛋白的α、β、γ亚基的分子量分别为12～20、14～21、30kDa，因此三聚体藻胆蛋白$(\alpha\beta)_3$的分子量为78～120kDa，六聚体藻胆蛋白$(\alpha\beta)_6$或$(\alpha\beta)_{6\gamma}$的分子量为156～270kDa（Bernard et al.，1992；Galland-Irmouli et al.，2000；Glazer，1989）。例如，紫球藻中的B-藻红蛋白的六聚体结构为$(\alpha\beta)_{6\gamma}$，分子量为263 kDa。

表1-1 藻胆蛋白不同聚集态的光谱特性

Table1-1 Spectral characteristic of different aggregation states of phycobiliproteins

藻胆蛋白 *phycobiliproteins*	聚集态 Aggregation states	最大吸收波长/nm Absorption maximum（nm）
APC	$(\alpha\beta)$	614
	$(\alpha\beta)_3$	650

续表

藻胆蛋白 *phycobiliproteins*	聚集态 Aggregation states	最大吸收波长/nm Absorption maximum（nm）
CPC	$(\alpha\beta)$	614
	$(\alpha\beta)_3$	621
CPC[a]	$(\alpha\beta)_3$+27 kDa linker	638
	$(\alpha\beta)_3$+32.5 kDa linker	629
APC[b]	$(\alpha\beta)_3$+8.9 kDa linker(L_c)	652
CPC	3 bilins on $\alpha\beta$	β155 600[c] 596[d] 598–600[e] α84 624 618 616–618 β84 628 625 622–624

注：a，Yu et al.，1981；b，Fuglistaller et al.，1987；c，Debreczeny et al.，1993；d，Demadov & Mimuro，1995；e，Siebzehnrubl et al.，1987

1.3　藻胆蛋白的结构

目前利用X-射线晶体衍射技术已经确定了多种藻胆蛋白的高级结构，也测定了它们的氨基酸序列。

1.3.1　一级结构

各种藻胆蛋白一级结构的差别在于脱辅基蛋白的氨基酸序列、聚集态和色基种类、数量、连接位置等不同。不同藻胆蛋白的氨基酸数量不同，一般情况下，α亚基含有161~164个氨基酸，β亚基含有161~177个氨基酸，γ亚基含有317~319个氨基酸（图1-6）。六聚体PE含有34个色基，三聚体的CPC、APC含有9个色基，六聚体的PEC、CPC含有18个色基。CPC、APC中只含有PCB，PE中不含有PCB，PVB只出现在PEC中，RPC是唯一同时含有PEB和PCB的藻胆蛋白。在藻胆蛋白的进化过程中，一般认为藻红蛋白比藻蓝蛋白高级，RPC是介于二者之间的过渡态。

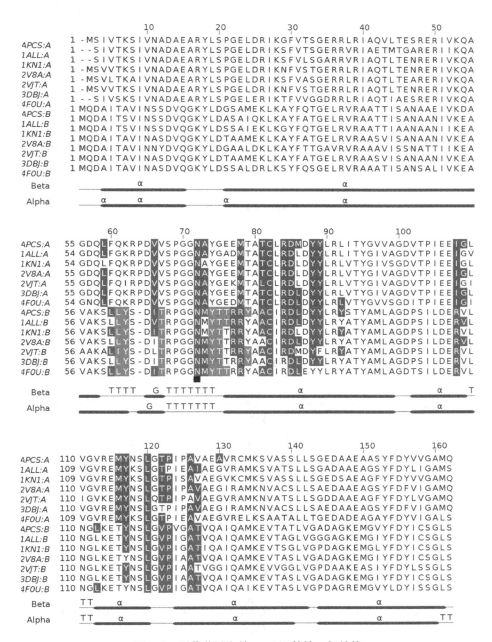

图1-6　别藻蓝蛋白的α、β亚基的一级结构

Fig1-6　Primary structure of α and β subunit of allophycocyanin

　　组成藻胆蛋白的α和β亚基之间以及α、β与藻胆蛋白的其他亚基之间具有氨基酸序列的相似性。

　　不同种类的藻胆蛋白的多肽链上藻胆素的连接位置不同。别藻蓝蛋白只含有2个藻胆素，数目较少，分别位于α-84和β-84。藻蓝蛋白含有3个藻蓝胆素，分别位于α-84、β-84和β-155上。藻红蛋白中含有5个藻红胆素，分别连接在α-84、α-143、β-84、β-155、β-50或β-61上，其中，β-50、β-61连接点可能是由于氨基酸取代生成的（图1-7）。藻胆素的位置在一级结构中是固定的，而藻胆素在不同位点其化学性质根据不同的藻胆蛋白而不同，这种现象存在于所有的藻胆蛋白中（王仲孚，2000）。

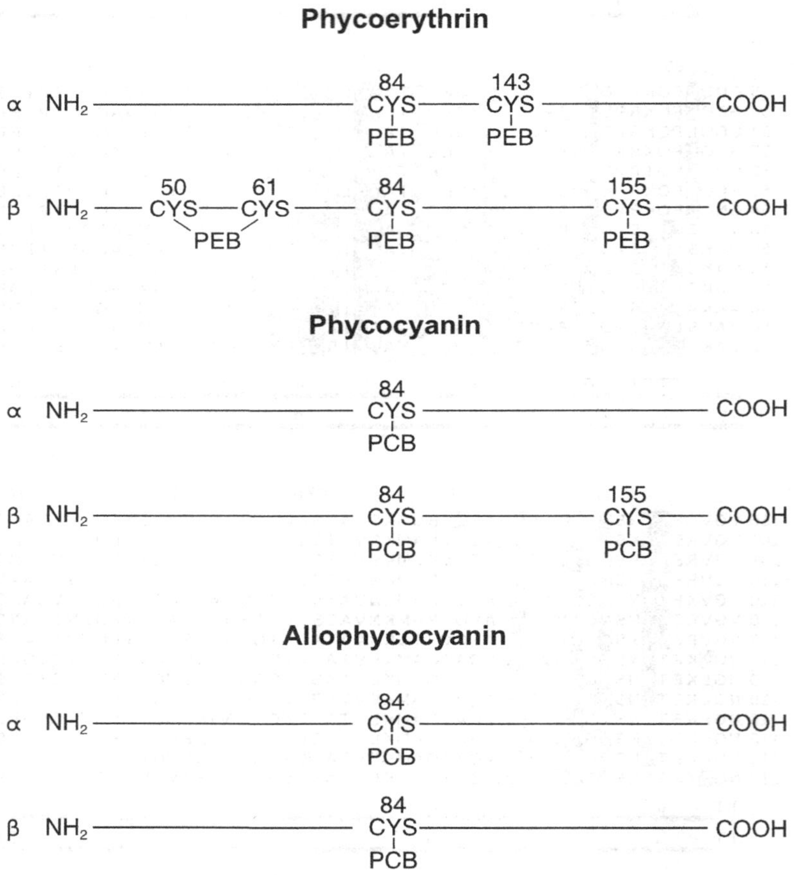

Phycoerythrin

α　NH$_2$——————————————84 CYS——143 CYS——————————————COOH
　　　　　　　　　　　　　　　　　　　|　　　　|
　　　　　　　　　　　　　　　　　　PEB　　PEB

β　NH$_2$——50 CYS——61 CYS——84 CYS——————155 CYS————COOH
　　　　　　　　　　　\ PEB /　　　　|　　　　　　　　|
　　　　　　　　　　　　　　　　　　PEB　　　　　　PEB

Phycocyanin

α　NH$_2$——————————————84 CYS——————————————COOH
　　　　　　　　　　　　　　　　　|
　　　　　　　　　　　　　　　　PCB

β　NH$_2$——————————————84 CYS——————155 CYS————COOH
　　　　　　　　　　　　　　　　|　　　　　　　　|
　　　　　　　　　　　　　　　PCB　　　　　　PCB

Allophycocyanin

α　NH$_2$——————————————84 CYS——————————————COOH
　　　　　　　　　　　　　　　　　|
　　　　　　　　　　　　　　　　PCB

β　NH$_2$——————————————84 CYS——————————————COOH
　　　　　　　　　　　　　　　　|
　　　　　　　　　　　　　　　PCB

图1-7　藻胆蛋白中藻胆素与脱辅基蛋白的连接位置及方式

Fig1-7　Positioning of phycobilins in the amino acid sequences of certain phycobiliproteins

1.3.2 高级结构

迄今为止，不同藻来源的多种藻胆蛋白的晶体结构在更高的分辨率下被解析，见表1-2。

表1-2 藻胆蛋白晶体结构解析

Table1-2 Crystal structures of phycobiliproteins in the literatures

藻来源 Algal source	藻胆蛋白 *phycocyanin*	分辨率 Accuracy	文献 Literatures
Arabacna variabilis	CPC	5 Å	Fisher et al., 1980
Porphyridium cruenturn	BPE	5.25 Å	Fisher et al., 1980
Mastigocladus laminosus	CPC$(\alpha\beta)_3$	3 Å	Schirmer et al., 1985
Mastigocladus laminosus	CPC$(\alpha\beta)_3$	2.2 Å	Adir & Lerner, 2003
Agmenellum quadruplicatum	CPC$(\alpha\beta)_6$	2.5 Å	Schirmer et al., 1986
Fremyella diplosiphon	CPC$(\alpha\beta)_6$	1.66 Å	Duerring et al., 1991
Cyanidium caldarium	CPC$(\alpha\beta)_6$	1.65 Å	Stec et al., 1999
Spirulina platensis	CPC$(\alpha\beta)_6$	2.2 Å	Padyana et al., 2001
Spirulina platensis	CPC$(\alpha\beta)_6$	2.2 Å	Wang et al., 2001
Porphyridium sordidum	BPE$(\alpha\beta)_6\gamma$	2.2 Å	Ficner et al., 1992
Polysiphonia urceolata	RPE$(\alpha\beta)_6\gamma$	2.8 Å	Chang et al., 1996
Polysiphonia urceolata	RPE$(\alpha\beta)_6\gamma$	1.9 Å	Jiang et al., 1999
Griffithsia monilis	RPE$(\alpha\beta)_6\gamma$	1.9 Å	Ritter et al., 1999
Gracilaria chilensis	RPE$(\alpha\beta)_6\gamma$	2.25 Å	Contreras-Martel et al., 2001
Porphyridium cruenturn	bPE$(\alpha\beta)_3\gamma$	2.3 Å	Ficner & Huber, 1993
Mastigocladus laminosus	PEC$(\alpha\beta)_3$	2.7 Å	Duerring et al., 1990
Spirulina platensis	APC$(\alpha\beta)_3$	2.3 Å	Brejc et al., 1995
Porphyra yezoensis	APC$(\alpha\beta)_6$	2.2 Å	Liu et al., 1999

续表

藻来源 Algal source	藻胆蛋白 *phycocyanin*	分辨率 Accuracy	文献 Literatures
Mastigocladus laminosus	APC$(\alpha\beta)_6$	2.3 Å	Reuter et al., 1999
Polysiphonia urceolata	RPC $(\alpha\beta)_3$	2.4 Å	Jiang et al., 1999

　　不同种类的藻胆蛋白的二、三级结构十分相似，都含有9个α螺旋（X、Y、A、B、E、F、F'、G、H），每两个α螺旋之间由不规则转角相连（图1-8至图1-12）。亚基之间通过非晶体学二次轴相联系。α螺旋（X、Y）调节着α和β亚基之间的强的相互作用（主要是疏水作用、离子与偶极相互作用），单聚体与单聚体之间的相互作用依靠α亚基的接触表面。同样，通过α亚基的相互作用，两个三聚体面对面组合成$(\alpha\beta)_6$六聚体。藻胆蛋白的三维结构具有显著的结构保守性，它们的结构与珠蛋白相似，由大量α螺旋盘旋缠绕成一个完整的疏水核心（N端一般独立于核心区外），完全不含β折叠，因此可用相似的结构模型进行分析。

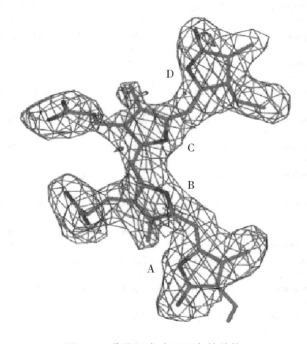

图1-8　藻蓝胆素（PCB）的结构

Fig1-8　the structure of phycocyanobilin

晶体结构解析发现，所有的藻胆蛋白的晶体结构均十分相似，即 α 亚基和 β 亚基靠静电作用形成有部分重叠的"弯月"形单体(αβ)，3个单体(αβ)围绕中心轴形成一个有中央空洞的圆盘状三聚体(αβ)$_3$，两个圆盘形的三聚体垛叠在一起形成(αβ)$_6$六聚体。每个三聚体的盘厚约为3nm，圆盘外径为11nm，中央空洞的直径为3.5nm（图1-9）。由于六聚体藻红蛋白(αβ)$_6$γ中的 γ 亚基不具有三重对称性，X射线衍射法很难确定它在晶体中的位置，推测它可能以无序状态存在于中央空洞中（Ficner et al.，1992）。

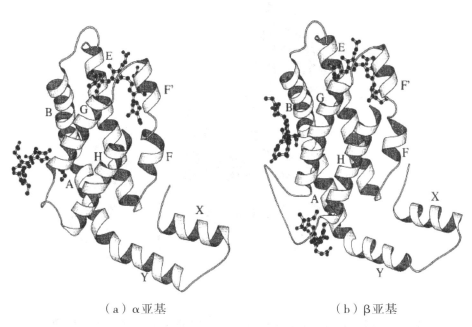

（a）α亚基　　　　　　　　　　　（b）β亚基

图1-9　多管藻RPE的α、β亚基的三级结构（引自Chang et al.,1996）
条带表示碳架，球棍表示色基。A、B、E、F、F'、G、H、X、Y分别为不同的α螺旋区段

Fig1-9 The ribbon representation of α subunit（a）and β subunit（b）of RPE.
Ribbon representation the C atoms，ball and stick representation chromophores；A，B，E，F，F'，G，H，X，Y denote the α-helices

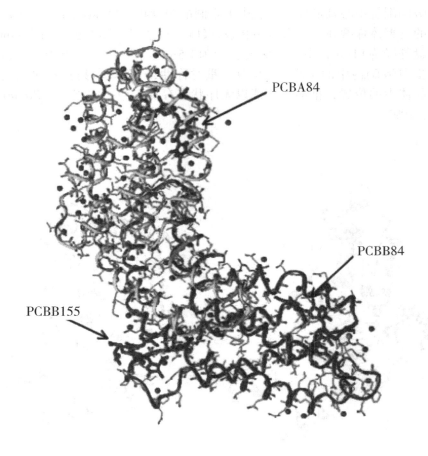

图1-10　藻蓝蛋白单体（αβ）的结构示意图（黄带为α亚基，蓝带为β基，红色棍为藻胆素，红色球为水分子）

Fig1-10　Overall structure and schematic ribbon representation of the（αβ）phycocyanin monomer

（Yellow ribbon，α subunit；blue ribbon，β subunit. Phycocyanobilin cofactors are represented in red stick. Water molecules are red spheres）

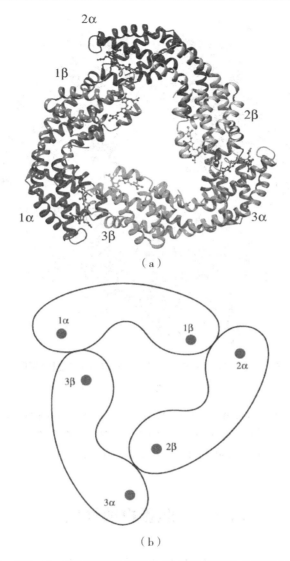

（a）

（b）

图1-11 别藻蓝蛋白三聚体的X晶体衍射结构解析图

（a）所有的藻胆蛋白的三聚体和六聚体的形状和中央空洞类似，1-3表示三个单体，每个单体由α链（深色）和β链（浅色）；（b）为示意图，图中的蓝色点代表藻蓝素色基

Fig1-11 Stereo drawing showing the C atoms and chromophores of the APC (αβ)₃ Trimer viewing along the Z-axis

（a）The shape and the central cavity of all the trimers and hexamer of phycocyanin are similar, 1-3 represents three monomers, each monomer contains one α subunit（dark）and one β subunit（light）；（b）schematic diagram, blue dots represent phycocyanobilin s

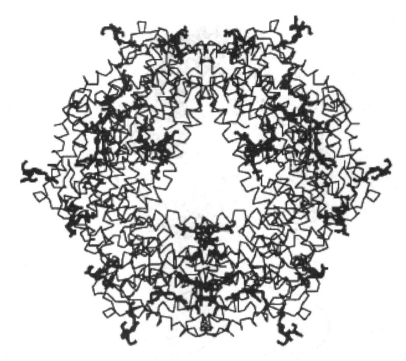

图1-12　多管藻RPE六聚体$(\alpha\beta)_6$的晶体结构解析

细线为碳骨架，粗线为色基

Fig1-12　Stereo drawing showing the C atoms and chromophores of the RPE

$(\alpha\beta)_6$ hexamer viewing along the Z-axis

The C atoms are drawn with a thin line and the chromophores are with a thick line

1.4　藻胆蛋白的性质

藻胆蛋白的独特组成和结构决定了其具有独特的特性和功能，使其成为新型、优秀的荧光标记物（Glazer & Stryer，1983a；Glazer，1994；Sun et al.，2003）。

（1）色基多，摩尔消光系数大，荧光量子产率高，这有利于提高荧光检测的灵敏度。一分子BPE的荧光强度在可比波长内至少相当于30个FITC或100个罗丹明分子（Hemmila et al.，1985），APC是cy5的7倍（Oi et al.，1982）。

（2）吸收光谱区域宽，发射光谱窄。荧光位于橙红光区（550~

700nm），生化基质血清（含卟啉、黄素）等非特异性背景荧光（蓝绿光）干扰小。

（3）斯托克位移大。普通的荧光染料的斯托克位移一般小于30nm，而藻胆蛋白的斯托克位移则高达80nm以上。荧光和激发光的波长差异大，则发射荧光受激发光的干扰小。

（4）等电点pH值为3.7~5.3，在生理条件下带负电荷，而细胞表面通常带负电荷，所以藻胆蛋白受非特异吸附的影响小。

（5）分子表面β/γ-COOH、ε-NH$_2$等活性功能基团多，易交联。藻胆蛋白包含大量的赖氨酸残基，一分子BPE含有约85个赖氨酸残基，而一分子APC含36个赖氨酸残基。藻胆蛋白通过赖氨酸残基侧链可与其他生物大分子偶联。

（6）稳定性好。在pH值为4~11范围内光谱特征无明显变化。RPE在浓度低于10^{-12}M时仍然以六聚体形式存在，且荧光信号不减弱（Glazer，1985；Oi et al.，1982）。

（7）藻胆蛋白的荧光不易被天然生物大分子淬灭。

（8）水溶性强，无毒性。而多数荧光染料水溶性差，有毒性。

与其他荧光染料相比，藻胆蛋白具有非常优良的荧光特性（表1–3）。

表1–3 藻胆蛋白的光谱学特性
Table1–3 Spectroscopic properties of representative chromophores

荧光染料 Chromo-phores	分子量 Molecular weights /kDa	最大吸收波长 Absorption maximum λmax/nm	摩尔消光系数 Molar extinction coefficient /×10^5 cm^{-1}M^{-1}	荧光发射峰 Fluores-cence maxima/ nm	荧光量子产率 Quantum yield	斯托克位移 Stokes shift /nm
B–PE	240	546，565	24.1	575	0.98	79
R–PE	240	496，546，565	19.6	578	0.82	79
APC	104	650	7	660	0.68	11
C–PC	210	620	15.4	642	0.51	32
FITC	0.390	495	0.8	525	0.59	30
Texas Red	0.625	596	0.84	615	/	19

藻胆蛋白的光谱特性主要由藻胆素的种类和数量决定。至今只发现四种藻胆素，分别是藻蓝胆素、藻红胆素、藻尿胆素和藻紫胆素，最大吸收峰分别为620~650nm（PCB）、540~565nm（PEB）、568nm（PVB）和490nm（PUB）（表1-4）。这四种藻胆素互为同分异构体，差异仅表现在双键位置的不同（图1-5）。藻胆素都以硫醚键通过A环（$C_{3'}$）、D环（$C_{18'}$）或同时通过A环和D环与脱辅基蛋白多肽链上的半胱氨酸（Cys-）残基相连。

表1-4　不同类型的藻胆蛋白的亚基组成及其光谱性质

Table1-4　The spectroscopic properties and the carried phycobilins of phycobiliproteins

藻胆蛋白及聚集态 Biliprotein & aggregation states	最大吸收峰及肩峰 Absorption maxima and shoulder/nm	荧光发射峰 Fluorescence maxima /nm	色基组成 Carried phycobilins
B-PE$(\alpha\beta)_6\gamma$	545，563，498	575	12 α PEB, 18 β PEB, 2 γ PUB, 2 γ PEB
R-PE$(\alpha\beta)_6\gamma$	498，538，567	578	12 α PEB, 12 β PEB, 6β PUB, 1γ PEB, 2γ PUB
C-PC$(\alpha\beta)_6L_R$	616	643	6 α PCB, 12 β PCB
R-PC $(\alpha\beta)_3$	547，616	638	3 α PCB, 3 β PEB, 3 β PCB
R-PC-II$(\alpha\beta)_2$	533，554，615	646	4 α PEB, 2 β PEB, 2 β PCB
PEC $(\alpha\beta)_6L_R$	575	635	6 α PXB, 12 β PCB
APC $(\alpha\beta)_3$	650，618	663	3 α PCB, 6 β PCB

1.5　藻胆蛋白的功能和应用

　　藻细胞内的藻胆蛋白最主要的功能是构成光合作用的捕光天线复合体。藻胆蛋白的吸收波长范围为450~650nm，恰好补充叶绿素a（吸收波长范围为430～450nm和640～680nm）在此波长范围内光吸收的不足，使藻类增加了对可见光区的吸收，更有效地利用太阳能以适应水生环境。藻胆体内光能传递途径为藻红蛋白→藻蓝蛋白→别藻蓝蛋白→叶绿素a→光系统Ⅱ（PSⅡ）。藻胆蛋白分子内及分子间的传能方式有两种：当色素分子间的距离超过20Å时，传能机制是Föster的无辐射共振传能；当色素分子的距离小于20Å时，传能机制是激发偶联（Exciton coupling）。两个色素分子的距离一旦小于20Å，则两者的相互作用变得非常强，很难分清激发态属于哪一个色素分子，这两个色素分子成为一个"超级色基"（Holzwarth，1991）。

藻胆蛋白在藻体细胞内可作为储存蛋白使用，在缺氮的环境中，藻胆体及藻胆蛋白被分解以提供氮源，维持藻细胞在恶劣环境下的生存（Boussiba & Richmond，1980；Duke et al，1989；Gorl et al，1998）。

藻胆蛋白呈水溶性，无毒，分离纯化的藻胆蛋白具有鲜艳的色泽和明亮的荧光，用途广泛。藻胆蛋白具有抗氧化、抑瘤和增强免疫力等作用，被广泛用作荧光检测试剂、食品和化妆品的天然色素、抗氧化剂、光敏治疗剂、示踪剂、免疫增强剂等。

1. 食品、保健品

藻胆蛋白是一类重要的蛋白资源，在某些藻中含量极为丰富。例如，螺旋藻中蛋白质含量约占其干重的58.5%~72%，而藻胆蛋白占细胞干重的15%~40%。藻胆蛋白具有抗辐射、消除自由基、增强免疫和抑瘤功能，有保健作用。螺旋藻被誉为21世纪营养最均衡的食品，螺旋藻制剂已经商品化销售。

2. 天然色素

藻胆蛋白是环境友好型、安全无毒、水溶性、色泽鲜艳的天然着色剂。日本、印度、美国等国家广泛使用藻胆蛋白作为食用、化妆品的色素。日本油墨公司（Dainippon Ink & Chemicals Co Ltd）从螺旋藻中提取藻蓝蛋白以商品名"Lina-blue-A"销售。

由于大多数合成染料具有毒性效应，天然色素取代化学合成染料用于食品、化妆品、医药、纺织品和印刷工业的需求日益增加（Dufosse et al.，2005）。蓝色色素在自然界中是稀缺的。C-PC具有明亮的蓝色，并被认为比常用的天然蓝色着色剂（如栀子和靛蓝）应用范围更广，尽管其对热和光具有较低的稳定性（Sekar & Chandramohan，2008）。C-PC是食品工业中最广泛使用的天然着色剂，可用于口香糖、果冻、冰冻雪糕、冰棒、糖果、软饮料、乳制品、蛋糕、冰淇淋等食品中。C-PC、R-PE和B-PE都是优秀的天然色素，广泛应用于口红和眼线等化妆品中（Eriksen，2008；Sarada et al.，1999；Sekar & Chandramohan，2008）。

3. 抗氧化剂

藻胆蛋白具有很强的抗氧化作用。不同种类的藻胆蛋白的抗氧化活性不同，由大到小依次为PE>PC>APC（Bermejo et al.，2008；Bhat & Madyastha，2000；Romay et al.，1998a；Romay & Gonzalez，2000；Romay et al.，2003；Romay et al.，1998b；Sonani et al.，2014）。Arthospiro maxima的藻蓝蛋白被证明有抗氧化和抗炎症的作用（Romay等，1998）。藻胆蛋白具有抗氧化活性，在体内和体外都可以防止脂质体过氧化，保护DNA不受破坏，同时还具有消除炎症的功能（Hirata et al.，1999；2000；Pinero Estrada et al.，2001）。藻蓝胆素（PCB）清除活性氧的活性低于藻蓝蛋白（Bhat & Madyastha，2001）。周占平等（2003）发现藻胆蛋白具有光照条件下产生和黑暗中清除自由基的双重功能。

4. 抗病毒药物

藻胆蛋白具有一定的抗病毒活性。螺旋藻提取的藻蓝蛋白和多糖提取物有抗流感病毒作用（刘兆乾，1999）。Chueh（2002）发现别藻蓝蛋白对体外培养的EV71和流感病毒的复制有抑制作用，并申请了专利（US6346408）。Shih证实从钝顶螺旋藻中提取的别藻蓝蛋白能有效抑制肠道病毒EV71的活性，能降低感染细胞中病毒合成RNA的速度，从而抑制病毒所引起的细胞凋亡，能抑制EV71病毒对体外培养的人横纹肌肉瘤细胞和非洲绿猴肾细胞产生的细胞病变作用（CPE），其中对感染绿猴肾细胞的病毒的半数抑制浓度（50% inhibition concentration，IC_{50}）为0.04mmol/L，而且在细胞受感染前用别藻蓝蛋白处理的抗病毒效果比感染后处理效果更好（Shih et al.，2003）。

5. 荧光检测试剂

用于荧光检测是藻胆蛋白最主要的用途。当藻胆蛋白从藻细胞中分离纯化出来后，因为不再有任何附近的受体来转移收获的能量，因而吸收激发光时能发射强烈荧光，比常用荧光素强30倍，大大提高了荧光检测的敏感性，且性质稳定，不与蛋白、核酸、细胞等发生非特异性吸附，安全无毒，无污染。藻胆蛋白具有独特的物理和光谱性质，如摩尔消光系数高、荧光量子产率大、斯托克斯位移大、稳定性高、水溶性大、荧光不易淬灭等。这些独特的性能使藻胆蛋白成为理想的荧光探针，能克服传统荧光标记物检测时荧光背景大、易淬灭等缺点，提高荧光检测的灵敏度（Pumas et al.，2012；Sekar & Chandramohan，2008）。藻胆蛋白可与抗体、受体、链霉亲和素和生物素等分子结合形成荧光标记物或探针，再与其特定的受体分子结合，用于免疫荧光检测。Holmes 等综述了通过双功能交联试剂将藻胆蛋白与其他分子交联（Holmes & Lantz，2001）。Oi和Glazer（1982）等敏感地觉察到藻胆蛋白的这种潜在的利用价值，利用交联技术首次将藻红蛋白分别与抗体、蛋白A及亲和素进行交联，并证明这些交联物适合用于固相荧光免疫检测和淋巴细胞表面藻胆蛋白组分的双色荧光分析，灵敏度比荧光素标记物提高5~10倍。自1982年藻胆蛋白被用于固相荧光免疫检测和双色荧光分析后迅速得到认可后，得到广泛应用，现在它与荧光素标记物一起，已成为最常用的两种荧光探针，在荧光染料类中起着重要的作用，特别是流式细胞术中（Kronick & Grossman，1983）。藻胆蛋白荧光标记物已被广泛应用于荧光显微镜、流式细胞术、荧光激活细胞分选、诊断、免疫标记和免疫组织化学中，尤其是流式细胞术中（Eriksen，2008；Oi et al.，1982；Sekar & Chandramohan，2008；Spolaore et al.，2006）。

6. 肿瘤抑制剂

Schwrtz & Shklar（1986）发现螺旋藻藻蓝蛋白对一些癌细胞具有抑制作用。藻胆蛋白及其亚基能够抑制肿瘤细胞的增殖（Huang et al.，2002；Liu et al.，2000）。

7. 光敏治疗剂

光动力治疗作用（Photodynamic therapy，PDT）：PDT的原理是利用一些荧光量子产率高的光敏剂注射到体内，肿瘤细胞与其亲和力高于正常细胞，滞留在肿瘤细胞中，当用强光照射后，光敏剂吸收光子即跃迁至激发态，处于激发态的光敏剂再将能量传给周围的氧分子产生单线态氧。单线态氧是强毒性剂，可以杀伤肿瘤细胞。但大多数光敏剂存在一定的毒副作用，且为了避免正常组织受损，因此在治疗后患者必须避光生活，而采用藻胆蛋白作光敏剂则不需避光，无毒副作用，向病人体内引入藻蓝蛋白后，采用光动力治疗，能选择性地破坏癌细胞，同时对正常细胞没有破坏作用（Huang et al.，2002；Niu et al.，2007）。黄蓓等（2002）从螺旋藻藻蓝蛋白酶解产物中分离得到3种色素肽CCP1、CCP2 和CCP3，对体外培养的小鼠S180 肉瘤有良好的光动力抗肿瘤效应。藻红蛋白介导的光敏反应处理7721肿瘤细胞后，出现典型的凋亡形态学改变，同时伴有特征性的DNA Ladders出现，是一种很有前景的光动力药物（李冠武，2002）。Morcos（1988）用含0.25mg/mL的藻蓝蛋白处理培养小鼠骨髓瘤细胞再经514nm、300J/cm^{2}激光辐照，发现细胞存活率仅15%，而单纯采用激光辐照或藻蓝蛋白处理的细胞存活率为69%和71%。与市售品蚕砂啉相比，藻蓝蛋白的效力略好，且毒副作用弱，患者治疗后不需避光（蔡心涵等，1995）。

8. 免疫增强剂

提高淋巴细胞免疫活性。注射肝癌细胞的实验小鼠口服藻蓝蛋白后，实验小鼠的淋巴细胞活性明显高于对照组及正常组（Iijima et al.，1982）。

促进细胞增殖。藻胆蛋白对人骨髓瘤细胞RPMI8226生长有刺激作用，刺激效应依次为APC >PC >PEC（Shinoharaet al.，1988）。汤国枝等（1994）从钝顶螺旋藻中分离得到的一种分子量为15kDa藻胆蛋白组分，也有刺激红细胞集落生成的作用。50mg/kg剂量的钝顶螺旋藻C-PC能提高小鼠接受致死剂量的^{60}Co射线照射后的存活率，可刺激照射后的小鼠粒单系祖细胞和造血干细胞的生成，并增加造血干细胞和外周血细胞的总数（张成武等，1996a，b）。

9. 其他药用价值

藻胆蛋白还具有抗过敏（Liu et al.，2015）、抗衰老（Sonani et al.，2014）、抗关节炎（Reddy et al.，2000）、抗辐射（Bhat & Madyastha，2000）、保护神经（Romay et al.，2003）、护肝（González et al.，2003；Reddy et al.，2000）、调节免疫（Cian et al.，2012；Sekar & Chandramohan，2008）、促进肠道菌群生长（Spolaore et al.，2006）等作用。藻胆蛋白在保健品和制药行业中的应用范围还在继续拓展。

藻胆蛋白的纯化工艺复杂、得率低、纯度低、耗时长等因素限制了其应用和普及，也造成价格昂贵。目前，销售藻胆蛋白及其标记物的著名试剂公司有Sigma、Invitrogen、Fisher、Cyanotech、PROzyme、Europa Bioproducts Ltd、Innova Biosciences Ltd、Novus Biologicals、R &D Systems Inc.、Hash Biotech Ltd、AssayPro、Gentaur Molecular Products等，试剂级藻胆蛋白售价高达50~120$/mg（Chakdar & Pabbi，2016）. Dainippon Ink and Chemicals（Sakura，Japan）主要生产销售食品级的藻胆蛋白用作食品色素。

1.6 藻胆蛋白的鉴定方法

藻胆蛋白的鉴定包括纯度鉴定、含量鉴定、光谱鉴定、活性构象鉴定、分子量鉴定等。可以借鉴一般蛋白质的鉴定方法，也可利用藻胆蛋白含有特定色基的特点建立独特的鉴定方法。

1.6.1 藻胆蛋白的纯度鉴定

蛋白质纯度的常用鉴定方法有色谱法、电泳法、结晶法等。这些方法均可用于鉴定藻胆蛋白的纯度。

（1）色谱法。常用来鉴定藻胆蛋白纯度的色谱法有凝胶过滤色谱、HPLC等。纯的藻胆蛋白样品在色谱洗脱图谱上呈现单一的对称峰。

值得一提的是，由于藻胆蛋白含有特定的色基，具有特定的吸收光谱和荧光光谱特性，因此可以采用光谱法来表征藻胆蛋白的纯度，实现无损伤在线分析。

（2）电泳法。电泳法鉴定藻胆蛋白的纯度时，可用SDS-PAGE对提纯的藻胆蛋白进行纯度鉴定，该法同时还能测定亚基的分子量大小。藻胆蛋白具备多亚基，SDS-PAGE会出现多条条带，如α、β、γ亚基的分子量分别约为15~20kDa、15~20kDa、30kDa。如果SDS-PAGE电泳时只出现三条大小跟上述标准相符的条带，则表示是纯藻胆蛋白。可用于藻胆蛋白纯度鉴定的电泳方法还有等电聚焦（利用PI分离，纯蛋白质只有一条带）、活性PAGE（纯蛋白质只有一条带）、双向电泳（纯蛋白质只有一个点）等。

普遍采用的评价藻胆蛋白纯度的标准为最大可见光吸光度值（A_{max}）与280nm的吸光度值（A_{280}）（Liu et al.，2005）。国际上普遍认可的纯藻胆蛋白的标准是纯度指数藻蓝蛋白（A_{620}/A_{280}）、别藻蓝蛋白（A_{650}/A_{280}）、藻红蛋白（A_{545}/A_{280}）达到4.0以上。对于CPC纯度达到0.7为食品级，纯度达到3.9为试剂级，纯度达到4.0以上为分析级（Patil et al.，2006；Rito-Palomares et al.，2001b）。用于增强免疫力和补充营养时，可以直接食用螺旋藻、条斑紫菜等藻类来实现摄取藻胆蛋白的目的。作为天然色素使用时，可以使用食品级藻胆蛋白。但作为试剂、药品及荧光染料使用时，要求藻胆蛋白的纯度达到试剂级或分析纯。

1.6.2 藻胆蛋白的含量鉴定

常用蛋白质含量鉴定方法有电泳法、色谱法、比色法、光谱分析法等。

（1）电泳法。利用SDS-PAGE可以对提纯的藻胆蛋白进行浓度鉴定。通过条带的宽度与参照物的比例，初步判定藻胆蛋白的含量。

（2）色谱法。分析藻胆蛋白纯度常用方法有凝胶过滤色谱、HPLC等。根据标准曲线法，通过计算洗脱峰的面积来计算藻胆蛋白的含量。

（3）比色法。蛋白质分子中酪氨酸、苯丙氨酸和色氨酸残基的苯环含有共轭双键，使蛋白质具有吸收紫外光的性质。最大吸收峰为280nm，其吸光度与蛋白质含量成正比。因此，可以利用紫外吸收光谱测定藻胆蛋白的浓度。在此基础上还衍生出Folin-酚法、考马斯亮蓝法等更灵敏的比色法测定蛋白浓度。

1）Folin-酚法（Lowry法）：显色原理与双缩脲方法相同，加入Folin-酚试剂（即碱性铜试剂、磷钼酸和磷钨酸混合试剂），增加显色量，提高检测灵敏度。原理：碱性铜试剂与蛋白质的酪氨酸或半胱氨酸产生双缩脲反应，反应后的蛋白质的酚基在碱性条件下将磷钼酸和磷钨酸还原为蓝色的钼蓝和钨蓝，蓝色的深浅与蛋白含量成正比（OD_{660}）。灵敏度达$25\sim250\mu g/mL$。

2）考马斯亮蓝法（Bradford法）：考马斯亮蓝G-250在游离状态下呈红色，最大光吸收在488nm，当它与蛋白质结合后变为青色，蛋白质-色素结合物在595nm波长下有最大光吸收，其光吸收值与蛋白质含量成正比，可用于蛋白质的定量测定。优点：试剂简单、操作简便、灵敏、快速。灵敏度比Lowry法高4倍，达到微克级，蛋白浓度范围为$2.5\sim1000\mu g/mL$，是常用的微量蛋白测定方法，结合反应在2min内完成，结合物在室温下1h内保持稳定。

（4）光谱分析法。藻胆蛋白含有特定的色基，因此根据其特征吸收峰可建立起一套藻胆蛋白的浓度独特计算方法（Bennett & Bogorad，1973）。

$$[PC] = \frac{OD615 - 0.474OD652}{5.34}$$

$$[APC] = \frac{OD652 - 0.208OD615}{5.09}$$

$$[PE] = \frac{OD562 - 2.41[PC] - 0.849[APC]}{9.62}$$

Bermejo et al.（2002）建立了新的计算藻胆蛋白的公式。

1.6.3　藻胆蛋白分子量鉴定

藻胆蛋白的分子量的大小通常利用SDS-PAGE结合凝胶过滤色谱法来测定。

利用SDS-PAGE可以分析亚基的组成及亚基的分子量的大小。凝胶过滤色谱可以分析完整的藻胆蛋白的分子量大小。通常藻胆蛋白三聚体、六聚体的分子量分别约为110kDa、230kDa。结合SDS-PAGE与凝胶过滤色谱法的分析结果，还可以推断藻胆蛋白的聚集态。

1.6.4　藻胆蛋白的活性构象鉴定

藻胆蛋白的结构改变必定引起活性构象改变，活性构象改变必定引起功能改变。因藻胆蛋白含有特殊的色基，导致藻胆蛋白具有特殊的吸收光谱和荧光光谱，如果藻胆蛋白的结构、功能改变，势必引起藻胆蛋白的光谱特性改变，因此可依据其吸收光谱、荧光光谱、CD光谱等光谱特性来推测其活性构象变化与否，如吸收光谱和荧光光谱是否发生蓝移或红移。

第2章 藻胆蛋白的高效制备

藻胆蛋白的独特性质和广泛用途，引起人们的广泛关注。藻胆蛋白的商业化利用需要借助一定的分离纯化策略和手段来实现藻胆蛋白的高效、规模化、低成本制备。

不同的用途对藻胆蛋白的纯度要求不同。食品级的CPC要求纯度指标达到0.7，试剂级达到3.9，分析纯大于4（Patil et al.，2006；Rito-Palomares et al.，2001b）。用于增强免疫力和补充营养时，可以直接食用螺旋藻、条斑紫菜等藻类来实现摄取藻胆蛋白的目的。作为天然色素使用时，可以使用食品级藻胆蛋白。但作为试剂、药品及荧光染料使用时，要求藻胆蛋白的纯度达到试剂级或分析纯。

藻胆蛋白的纯化方法很多，但普遍存在效率低、纯度低、得率低的特点。藻胆蛋白的纯化工艺复杂及三低的特点，造成生产成本高。藻胆蛋白的生产成本50%~90%是由分离纯化造成的（Grima et al.，2003；Patil & Raghavarao，2007）。国际上藻胆蛋白的售价居高不下，食品级的藻胆蛋白售价为0.13$/mg（Zhao et al.，2014），而试剂级的藻胆蛋白售价高达0.5~33$/mg（Sekar & Chandramohan，2008）。试剂级藻胆蛋白的市场约为200万$/mg（Radmer，1996）。当然，昂贵的售价也进一步限制了藻胆蛋白的普及和推广应用。

2.1　藻胆蛋白的制备工艺流程

藻胆蛋白的制备工艺流程通常包括：材料的选择→预处理→藻细胞破碎→粗提与浓缩→分离纯化→保存。

高纯度藻胆蛋白的制备或藻胆蛋白的规模化制备，涉及物理学、化学和生理学等诸多领域的技术和知识。可以借鉴通用的蛋白质的制备方法和技术，更要根据藻胆蛋白的独特组成、结构和性质筛选适宜的分离纯化方法，才有可能高效率、规模化制备高纯度的藻胆蛋白。

根据物理或化学特性建立起来的藻胆蛋白的分离纯化方法及其原理有：①利用混合物中组分间分配率的差别，将它们分配到可用机械方法分离的2个或以上物相中，如盐析、有机溶剂抽提、色谱和结晶等；②把混合物置于单一物相中，通过物理力场的作用使各组分分配于不同的区域而达到分离的目的，如电泳、超速离心和超滤等。组织细胞内存在多种藻胆蛋白，其分离方法不同。即使同一类藻胆蛋白，选材不同，所使用的制备方法也有很大差别，因此没有通用的提取藻胆蛋白的标准方法，在提取前必须针对所提取的藻胆蛋白，选用合适的方法，才能获得预期的效果。

制备藻胆蛋白过程中的注意事项：①藻胆蛋白是水溶性的蛋白质，分子量为110~250kDa，是生物大分子，纯化过程中要避免使用变性剂导致蛋白质变性或解离；②藻胆蛋白对温度敏感，当温度超过70℃会发生蛋白质变性、失活，并表现出褪色；③对光敏感，易淬灭，在提取过程中应避光操作。

纯化的藻胆蛋白应采取适宜的方式保存。纯化的藻胆蛋白保存形式有硫酸铵沉淀、冷冻真空干燥、冷冻、冷藏等保存方式。常用的藻胆蛋白的保存方式为60%饱和度的硫酸铵溶液沉淀避光4℃保存，可以长期储存。糖溶液能提高C-PC的热稳定性。

2.2　原料藻的选择

藻胆蛋白是藻类独有的色素蛋白，所以天然藻胆蛋白只能从藻类组织细胞中制备。

用于制备藻胆蛋白的藻类材料应满足易获得、易规模化培养、价廉的条件。紫球藻（*Porphyridium cruentum*）、条斑紫菜（*Porphyra yezoensis*）、坛紫菜（*Porphyra hatanensis*）、钝顶螺旋藻（*Spirulina platensis*）、小球藻（*Chlorella vulgaris*）等少数藻能够人工培养，尤其是螺旋藻作为人的免疫增强剂、小球藻作为饵料等已经实现了规模化栽培，为提纯藻胆蛋白提供了方便。但目前多数藻类还不能人工培养。水华、被污染的人工培养的藻都可被利用来提取藻胆蛋白。中国特有的海洋红藻——多管藻（*Polysiphonia urceolata*）也是制备R-藻红蛋白的好材料。

不同品种的藻所含的藻胆蛋白的种类和含量不同（Kronick，1986）。藻胆蛋白含量高达胞内可溶性蛋白质的60%（Bogorad，1975）。螺旋藻中的蛋白质含量占干重的70%，其中藻胆蛋白含量占藻细胞干重的15%~40%。新鲜海藻中藻胆蛋白含量比晒干或加工后的高（纪明侯，

1997）。提取藻胆蛋白时应尽量使用新鲜的藻类或冷冻保存的藻。藻胆蛋白含量因藻的品种而异，占细胞干重的15%~40%。由于藻类细胞壁中含有多量的多糖、叶绿素、类胡萝卜素等成分和杂质，给分离纯化带来很大困难。

藻蓝蛋白和别藻蓝蛋白存在于所有蓝藻和红藻中，而藻红蛋白只存在于红藻和部分蓝藻中。藻蓝蛋白和藻红蛋白在藻细胞中的含量较多，而别藻蓝蛋白的含量较少。蓝藻中藻蓝蛋白与别藻蓝蛋白的含量比例约为6：1~10：1（Bogorad，1975；Glazer et al.，1994）。

藻蓝蛋白可从钝顶螺旋藻、极大螺旋藻（Spirulina Maxima）、层理鞭枝藻（Mastigocladus laminosus）中制备。藻红蛋白可从龙须菜（Gracilaria lemaneiformis）、红毛菜（Bangia）、红毛藻（Red hair algae）、紫球藻、条斑紫菜和多管藻中分离纯化获得。其中龙须菜、红毛菜、紫球藻中的藻红蛋白为BPE，而条斑紫菜、坛紫菜、多管藻中的藻红蛋白为RPE。

C-藻蓝蛋白一般从钝顶螺旋藻、极大螺旋藻、层理鞭枝藻中制备，R-藻蓝蛋白可从多管藻、坛紫菜（Porphyra hatanensis）中分离纯化。需要指出的是同为紫菜的坛紫菜和条斑紫菜中的藻蓝蛋白不同，前者为R-藻蓝蛋白，而后者为C-藻蓝蛋白。别藻蓝蛋白可从钝顶螺旋藻中分离纯化得到。BPE可从龙须菜、红毛菜、紫球藻中制备。RPE可从条斑紫菜、坛紫菜、多管藻中获取。PEC可从层理鞭枝藻、多变鱼腥藻（Anabaena variabilis）等蓝藻中制备。CPE可从蓝藻的聚球藻（Synechococcus）中获得。

在自然界中不断发现含藻胆蛋白种类比较特别的藻，扩大了人们对这种古老蛋白的认识。例如，分离自冰岛火山温泉的单细胞红藻（Galdieria sulphuraria）中C-藻蓝蛋白的含量是钝顶螺旋藻的20~278倍（Graverholt & Eriksen，2007），且能耐受73℃的温度，而钝顶螺旋藻中的C-藻蓝蛋白只能耐受60℃（Moon et al.，2014）。单细胞红藻显示出广阔的研究和应用前景。

不同品种的藻，甚至不同生长区域、生长时间、生长条件（如光照强度和波长、温度、pH值、氮源等）下的同一种藻所含的藻胆蛋白的量是不同的。光照波长对藻类中的藻胆蛋白的含量和比率影响较大，如用红光照射则有利于蓝藻合成藻蓝蛋白，绿光照射有利于合成藻红蛋白（Everroad et al.，2006；Grossman，2003；Grossman et al.，2001；MacColl，1998；Miskiewicz et al.，2002；Palenik，2001；Rowan，1989；Sidler，1994；Toledo et al.，1999）。

藻胆蛋白作为荧光标记物使用时，对纯度要求高。为降低生产成本，在选择原料藻时，首先要求从这些藻中容易提取、分离和纯化所需的藻胆蛋白。如果原料藻价格不贵，只要能降低分离纯化成本，可不必在意得率。

目前，国际上生产藻胆蛋白荧光标记物的公司所用的原料藻仍局限于螺旋藻属（*Spirulina spp*）、聚球藻属（*Synechococcus sp*）、颤藻属（*Oscillatoria sp*）的少数藻类，如制备R-藻红蛋白用甘紫菜（*Porphyra tenera*）、条斑紫菜，B-藻红蛋白和R-藻蓝蛋白用紫球藻，C-藻蓝蛋白和别藻蓝蛋白用钝顶螺旋藻。近年来，一些学者仍在不断探索从新发现的藻类资源中来分离纯化各种组成、结构或功能不同的藻胆蛋白，或利用新的分离纯化方法来制备藻胆蛋白（表2-1）。

螺旋藻是制备C-藻蓝蛋白和别藻蓝蛋白的主要原料。例如，今钝顶螺旋藻已经作为人类理想食品在全世界开始大规模栽培，中国每年的产量为1000吨。因其产量大、易获得、价格低廉、藻胆蛋白含量高等优点，为C-藻蓝蛋白和别藻蓝蛋白的制备创造了有利条件（Yan et al.，2011）。小球藻和螺旋藻是作为健康食品在日本、中国台湾、墨西哥最早实现商业化人工栽培的微藻（Borowitzka，2013；Sánchez et al.，2003）。

我国虽然藻类研究和栽培起步较晚，但首先完成了太平洋西岸的海洋红藻的藻胆蛋白种类、组成和光谱特性的研究（潘忠正等，1987），并同北美大西洋沿岸的藻类作了比较（周百成和曾呈奎，未发表）。这些结果为原料藻的选择和国产化奠定了基础。目前，我们已经可以用国产藻类为原料生产各种藻胆蛋白。

随着国家"七五"科技攻关成果的产业化，我国已进行螺旋藻的大规模生产，分离纯化藻蓝蛋白的技术也建立起来。钝顶螺旋藻鲜藻可以作为生产CPC和APC的最佳原料。紫球藻的大量培养技术也已建立，可以作为生产BPE的原料。

紫菜属藻类的RPE属于双峰型光谱类型，主要存在于较原始的红藻中，我国学者称为I型RPE，将常见的三峰型RPE称为II型（周百成和曾呈奎，1990）。国外学者将常见的三峰型称为I型，双峰型称为II型，恰好相反。另外三种光谱类型的RPE可以在大西洋地区的红藻中见到，但在已分析过的我国几十种红藻中尚未发现。甘紫菜是分布于日本和我国北方地区，欧美不是原产地，但我国沿海已难见典型的甘紫菜。日本和我国北方沿海大量养殖的紫菜都是条斑紫菜，其RPE是双峰型（周百成和曾呈奎，1990），同时含有CPC，可以作为原料藻。坛紫菜是我国南方的特有种，除含有双峰型RPE外，含有RPC而非CPC，可以作为生产RPE和RPC的原料藻。

典型的RPE为三峰型，吸光度高，稳定性好。虽然多数高等红藻都

表2-1　文献报道的藻胆蛋白的分离纯化方法和效果

Table 2-1　Summary of extraction and purification methods of natural phycobiliproteins from algae

藻胆蛋白分离纯化方法 Purification methods of PBPs	藻来源 Source Algae	制备藻胆蛋白的纯度和得率 Purity and recovery of obtained PBP	引用 Reference
$(NH_4)_2SO_4$ + IEC	Spirulina platensis	C-PC 纯度 5.59，得率 67.04%（111.83mg/g）； APC 纯度 5.19，得率 80%（29.28mg/g）	Yan et al., 2011
$(NH_4)_2SO_4$+IEC + GFC	Spirulina platensis	C-PC 纯度 4.15；APC 纯度 4.12	Boussiba & Richmond, 1979
$(NH_4)_2SO_4$+IEC+GFC	Spirulina platensis	C-PC 纯度 5.06；APC 纯度 5.34	Zhang & Chen, 1999
$(NH_4)_2SO_4$+GFC + IEC	Oscillatoria quadripunctulata	C-PC 纯度 3.31，得率 68%（2mg/g）	Soni et al., 2006
$(NH_4)_2SO_4$+IEC	Spirulina sp.	C-PC 纯度 4.42，得率 45.6%	Patel et al., 2005
HIC	Phormidium fragile	C-PC 纯度 4.52，得率 2.69 mg/g	Soni et al., 2008
EBA + GFC + IEC	Spirulina platensis	C-PC 纯度 > 4，得率 9.6%；APC 纯度 > 4，得率 9.5%	Bermejo et al., 2006
EBA + IEC	Spirulina platensis	C-PC 纯度 3.2，得率 8.7%（4.45mg/g）	Niu et al., 2007
ATPS（twice）+ UF	Spirulina maxima	C-PC 纯度 3.8，得率 29.5%	Rito-Palomares et al., 2001a
activated charcoal and chitosan absorption+ ATPS	Spirulina platensis	C-PC 纯度 5.12，得率 66%	Patil et al., 2006

续表

藻胆蛋白分离纯化方法 Purification methods of PBPs	藻来源 Source Algae	制备藻胆蛋白的纯度和得率 Purity and recovery of obtained PBP	引用 Reference
ATPS（three times）	Spirulina platensis	C-PC 纯度 4.05，得率 85%	Patil & Raghavarao，2007
rivanol-sulfate	Arthronema africanum	C-PC 纯度 4.52，得率 55%； APC 纯度 2.41，得率 35%	Minkova et al.，2007
rivanol-sulfate+(NH₄)₂SO₄+GFC	Arthrospira fusiformis	C-PC 纯度 4.3，得率 46%	Minkova et al.，2003
(NH₄)₂SO₄+HAC	Aphanizomenon flosaquae	C-PC 纯度 4.78	Benedetti et al.，2006
HIC+IEC	Synechococcus sp.	C-PC 纯度 4.85，得率 76.56%	Abalde et al.，1998
activated charcoal and chitosan absorption+(NH₄)₂SO₄+ UF	Limnothrix sp.	C-PC 纯度.3，得率 8%	Gantar et al.，2012
(NH₄)₂SO₄+IEC	Porphyridium cruentum	B-PE 纯度 > 4，得率 32%；R-PC 纯度 > 3，得率 12%	Bermejo Roman et al.，2002
ATPS	Porphyridium cruentum	B-PE 纯度 3.2，得率 90%	Benavides & Rito-Palomares，2006
EBA	Porphyridium cruentum	B-PE 纯度 > 3，得率 71%~78%	Bermejo et al.，2007
EBA + IEC	Porphyridium cruentum	B-PE 纯度 4.6，得率 66%	Bermejo et al.，2003

藻胆蛋白分离纯化方法 Purification methods of PBPs	藻来源 Source Algae	制备藻胆蛋白的纯度和得率 Purity and recovery of obtained PBP	引用 Reference
preparative PAGE	*Palmaria palmata*	PE 纯度 3.2，得率 12.2%	Galland-Irmouli et al., 2000
(NH$_4$)$_2$SO$_4$+IEC	*Polysiphonia urceolata*	R-PE 纯度 5.6，得率 67.3%	Liu et al., 2005
Streamline column+ IEC / HAC	*Polysiphonia urceolata*	R-PE 纯度 3.26，得率 0.40 mg/g frozen alge	Niu et al., 2006
EBA + IEC	*Gracilaria verrucosa*	PE 纯度 4.4，得率 0.141 mg/g frozen alge	Wang, 2002
(NH$_4$)$_2$SO$_4$+IEC	*Anabaena variabilis*	CPE 纯度 4.95，得率 62.5%	Chakdar & Pabbi, 2012
(NH$_4$)$_2$SO$_4$+GFC	*Phormidium sp.A27DM*	B-PE 纯度 3.9，得率 62.6%	Parmar et al., 2011a
(NH$_4$)$_2$SO$_4$+HAC+IEC+GFC	*Leptolyngbya sp.KC45*	CPE 纯度 17.3，得率 1.36%	Pumas et al., 2012
(NH$_4$)$_2$SO$_4$+ UF+IEC	*Porphyridium cruentum*	B-PE 纯度 5.1，得率 68.5%	Tang et al., 2016

注：ATPS，aqueous two-phase systems；HIC，hydrophobic interaction chromatography；IEC，ion exchange chromatography；EBA，expanded bed absorption chromatography；GFC，gel filtration chromatography；HAC，hydroxyapatite chromatography；UF，ultrafiltration；PAGE，polyacrylamide gel electrophoresis.

含有这种RPE，但是多数红藻由于多糖（琼胶或卡拉胶）含量高，使RPE分离纯化难度大，这可能是国外较少用红藻来生产三峰型RPE的原因。我国学者研究发现多管藻是一种较好的原料藻，所以长期以来成为藻胆蛋白制备、结构、功能、进化及光合作用研究的主要藻类材料，对其特性进行了比较深入的研究，并且已经完成了高分辨率的RPE、RPC的晶体结构解析。多管藻也成为我国生产三峰型RPE的主要原料藻。多管藻是黄渤海地区的优势海洋红藻，野生原料易得，同时已经建立了可以长期大量培养的无性系，确保原料供应不受季节性限制。多管藻虽是世界广泛分布藻种，但RPE分离纯化技术为我国首创，可以逐步推向国内外市场。

我国南方海藻的藻胆蛋白种类尚未进行过系统的比较研究，也有可能发现理想的原料藻。

一般认为，虽然蓝藻或红藻都含有APC，但由于含量少或难于分离纯化，作为原料，不如钝顶螺旋藻适用。除APC外，蓝藻或红藻的藻胆体还含有一种或两种不同的藻胆蛋白，但用作制备藻胆蛋白的原料要根据分离纯化的难易程度和生产成本确定。

2.3　藻细胞破碎

藻胆蛋白是水溶性的胞内膜蛋白，必须将细胞壁和细胞膜破碎，才能使其以溶解状态释放出来。因此，细胞破碎是藻胆蛋白提取的第一步，对藻胆蛋白的最终得率影响较大。

细胞破碎的目的是使细胞内的藻胆蛋白释放出来。细胞破碎过程中应避免采用剧烈的条件以致使藻胆蛋白发生变性及大量多糖和蛋白伴随释放出来。这需要筛选适宜的细胞破碎方法对藻细胞进行破碎，使藻胆蛋白能够较多的释放出来而杂质释放较少，同时藻胆蛋白不会失去活性。

常用的藻类细胞破壁方法有理化法和酶法等，物理破壁方法有冻溶法、超声法、压榨法、匀浆法、研磨法、空蚀法、溶胀法、渗透法等，化学破壁方法有酸法、碱法、去污剂法等，生物破壁法有酶解法等。有时需要多种细胞破碎方法联合使用才能收到良好的细胞破壁效果。

在上述细胞破碎方法中，效率高且易线性放大的细胞破碎方法有冻融法、超声法、酶法、化学试剂法、高压压榨法、渗透法、匀浆法等。

2.3.1 机械破碎

通过机械运动产生的剪切力，使组织细胞破碎，如研磨、匀浆、超声法。

（1）高速捣碎法。利用高速组织捣碎机粉碎，操作简单，成本较低，适用于组织破碎。匀浆时添加石英砂、玻璃珠、钢珠等介质能加快和加强细胞破碎效果。匀浆前对材料采用冷冻或液氮处理能加速细胞破碎（Viskari & Colyer，2003）。紫球藻中添加60%（v/v）的直径为0.5mm的玻璃珠研磨，能从湿的生物质材料中获得1.35mg/g的B-藻红蛋白（Patil et al.，2006）。

（2）超声破碎法。利用超声波的机械振动产生压力使细胞破碎。不同材料采用不同频率的超声波。超声过程中产热，溶液内易存在气泡，故使用时应间歇开机，冰浴操作以避免不耐热的物质失活。该法操作简单，重复性好，但对于不耐热的蛋白质，应慎用。超声破碎法能提高紫球藻和聚球藻的细胞破碎率（Bermejo Roman et al.，2002；Vernet et al.，1990）。超声破碎时加入石英砂能提高细胞破碎程度（Wiltshire et al.，2000）。采用超声破碎法获得的藻红蛋白的量是未使用超声破碎法的5.5倍（Benavides & Rito-Palomares，2006）。采用超声破碎法从钝顶螺旋藻中制备藻蓝蛋白和别藻蓝蛋白时只要超声频率适宜就不会造成藻胆蛋白失活，频率为20kHz时，藻胆蛋白的得率为80%；频率为28kHz时，藻胆蛋白的得率为90%（Furuki et al.，2003）。

2.3.2 物理破碎

通过各种物理作用来破坏组织、细胞的外层结构而使细胞破碎，如反复冻融法、渗透压法、高压破碎法等。

（1）反复冻融法。把样品置-20℃冷冻，室温缓慢解冻，重复操作多次，使大部分细胞破碎。该法操作简便，但耗时长，通常不会使生物活性物质失活。该法适用于螺旋藻等单细胞藻类，破碎细胞的效率高达90%（Abalde et al.，1998；Doke，2005；Liu et al.，2016；Minkova et al.，2003）。

（2）渗透压法。通过改变渗透压将藻细胞破碎。例如，把海洋红藻多管藻放入蒸馏水或低离子强度的生理盐水或磷酸盐缓冲液中，放置一段时间，多管藻的细胞就会由于渗透压改变而崩解，细胞内的藻胆蛋白就是由细胞内释放到溶剂中。溶胀法提取藻胆蛋白操作简单、方便，可实现批量制备。将干的螺旋藻粉放入0.1M的pH值为7的磷酸盐缓冲液中，4℃放置24小时，能收到良好的细胞破碎效果，C-藻蓝蛋白的最大得率为80mg/g，纯度为1.8（Doke，2005）。作者将湿的螺旋藻放入低渗溶液中溶胀，结合反复冻融法，同时制备了C-藻蓝蛋白和别藻蓝蛋白，得率分别为30、6.59mg/g（Yan et al.，2011）。通过优化提取温度、pH值、时间、离子强度、料液比等能够获得良好的提取结果（Silveira et al.,2006）。

（3）微波辅助法。微波辅助法提取藻胆蛋白的效率是常规浸提法的180~1080倍，藻红蛋白的最优提取条件为40℃ MAE 10s。当温度高于40℃时会造成藻红蛋白失活。而提取藻蓝蛋白和别藻蓝蛋白的最优条件是100℃微波辅助10s（Juin et al.,2015）。

（4）高压破碎法。Jubeau et al.（2013）研究了高压破碎条件（压强、次数、溶剂等）对紫球藻中制备藻红蛋白的影响，结果表明，低压强下（>90 MPa）杂质容易释放出来，而高压强下藻红蛋白容易释放出来，二步法有利于藻红蛋白的释放，三步法会造成藻胆蛋白降解。高压破碎法从紫球藻中制备藻红蛋白的最佳条件是二步高压破碎法，先是采用原来的培养基在50MPa下破碎，然后在蒸馏水中用270MPa破碎，藻红蛋白的纯度可达0.79（Jubeau et al.，2013）。高压破碎法易于实现藻胆蛋白的规模化制备。湿螺旋藻在200~400 kg/cm²压强下高压均质5~6分钟，然后高速离心去除细胞碎片，得到的藻胆蛋白粗品的纯度达1.18（Patil et al.，2006；Patil & Raghavarao，2007）。

2.3.3　化学破碎

选择适宜的化学试剂作用于细胞膜，使细胞破碎，如有机溶剂、表面活性剂、酸碱。优于化学试剂容易造成藻胆蛋白失活，所以化学破碎法要慎重使用。

表面活性剂破碎细胞的原理：在适当温度、pH值及低离子强度条件下，表面活性剂能与细胞壁中的脂蛋白形成微泡，改变膜的渗透性或使之溶解。常用的表面活性剂有SDS（阴离子型）、二乙胺十六烷基溴（阳离子型）、吐温80（非离子型）、Triton X-100（非离子型）、新洁尔灭（阳离子型）等。

采用化学法进行藻细胞破壁时一定要注意化学试剂的浓度不要过高，否则会造成藻胆蛋白的变性失活，失去藻胆蛋白制备的意义。例如，用10N的稀盐酸处理湿的螺旋藻，室温下作用24小时，藻蓝蛋白的得率由62%提高到90%，但是藻蓝蛋白的光谱发生了改变（Sarada et al.，1999）。

2.3.4 酶法破碎

通过细胞本身的酶系或添加的酶制剂的催化作用下，使细胞外层结构受到破坏，而实现细胞破碎，如自溶法、酶解法。常用纤维素酶来消化藻类的组织细胞。该法的优点是作用条件温和，胞内活性物质不易被破坏，且细胞壁破坏程度可以控制，效率高，省时，容易大批量制备。但酶法对反应的温度、pH值、离子等条件要求高（Boussiba & Richmond，1979；Stewart & Farmer，1984；Vernet et al.，1990）。在每克湿的眉藻（*Calothrix*）中添加2mg溶菌酶，30℃下作用24小时，藻胆蛋白的回收率高达93%，纯度达到食品级和化妆品级（Sajilata & Singhal，2006）。

2.3.5 固氮菌破壁

这是一种藻类细胞破壁的新方法。Zhu等（2007）筛选到一株能降解钝顶螺旋藻的非致病性固氮菌（*Klebsiella pneumoniae*）将该菌与钝顶螺旋藻的湿匀浆混匀，密封放置24小时，该菌即可高效降解钝顶螺旋藻，CPC的得率为91%，纯度指数达1.09（Zhu et al.，2007）。

可根据提取规模和试验条件具体选择一种或几种破壁方法联合使用，既利于藻胆蛋白的提取又避免破坏藻胆蛋白的结构。最好几种破壁方法联合使用。反复冻融、溶胀法操作简便，可以批量提取。通过对螺旋藻提取温度、pH值、时间、离子强度、料液比的优化能够获得良好的提取结果（Silveira et al.，2006）。

2.4 藻胆蛋白的粗提

藻细胞经预处理和破碎后，细胞内的藻胆蛋白等生物分子释放到溶液中，选取合适的溶液体系使生物大分子得到充分释放，这就是提取过程。选择溶液时应充分考虑藻胆蛋白等生物分子的溶解度和稳定性，以及溶液自身性质（如离子浓度、pH值、温度等）对藻胆蛋白等生物分子的影响。从细胞中提取的藻胆蛋白等生物分子多为粗品，须进一步分离纯化才能获得纯度较高的物质。在藻胆蛋白制备中，分离纯化是重要而复杂的环节，需要了解粗品中主要杂质的性质，从而针对性地去除。例如，提纯蛋白质时混杂着核酸，一般可用酶解、有机溶剂抽提、选择性分步沉淀等方法处理。小分子物质可在制备过程中通过多次液相与固相转化被分离或最后用透析法去除。对于性质相似的物质，如藻胆蛋白和杂蛋白，可采用盐析法、等电点沉淀法、超速离心法、电泳法、柱色谱法、吸附法、结晶法、超滤法等分离。

藻细胞破碎后，水溶性的藻胆蛋白由胞内释放到胞外溶液中，同时藻细胞中的多糖、类胡萝卜素、叶绿素、核酸、淀粉等成分也随之释放出来，尤其是藻类细胞中含有大量的多糖，给藻胆蛋白的分离纯化带来很大困难（Stewart & Farmer，1984；Wyman，1992）。只有采用适当的粗提方法才可能去除大部分杂质，同时对样品实现初步浓缩。

藻胆蛋白的粗提法有盐析、吸附、超滤法等。

通过优化粗提条件（如温度、时间、pH值、离子强度、料液比等）能够获得好的粗提效果（Silveira et al.，2007）。

2.4.1　盐析法

盐析法被广泛使用。在低盐浓度下，蛋白质的溶解度随盐浓度的升高而增加（即盐溶）；当盐浓度继续升高时，蛋白质的溶解度又呈不同程度下降并先后析出（即盐析）。利用不同蛋白质在盐溶液浓度变化过程中的溶解度的差异，来实现不同蛋白彼此分离。分离混合样品时，一般采用逐渐增加盐的饱和度的方式，每析出一种蛋白质，需将样品离心或过滤分离后再继续增加盐的饱和度，使后续蛋白质依次沉淀。盐析时盐的饱和度的梯度至关重要，pH值和蛋白质浓度对盐析效果有影响。盐析法操作简便，适于大量粗提，盐析法不仅能去除部分杂质，提高纯度，还能够实现对样品的初步浓缩，有利于后续的分离纯化。但盐析法获得样品的纯度不高，通常经过盐析制备的藻胆蛋白的纯度指数能达到1~3。常用的盐有硫酸铵、硫酸钠、硫酸镁、氯化钠等，应用最多的是硫酸铵。其优点在于温度系数小、溶解度高、价廉、分段效果好、不易引起蛋白质变性。磷酸钠的盐析作用比硫酸铵好，但溶解度低，受温度影响大，故应用范围受限。盐析法沉淀分离的蛋白质常需脱盐处理，常用的脱盐方法有透析法和超滤法。

硫酸铵沉淀是最常用的盐析粗提手段之一。一般情况下50%饱和度的硫酸铵溶液可将大部分藻胆蛋白沉淀出来。为使藻胆蛋白沉淀完全，可把硫酸铵的饱和度加大至60%~85%。研究发现65%的硫酸铵能够沉淀出R-PC、APC、B-PE和b-PE（Bermejo et al.，2001；Bermejo Roman et al.，

2002）。*Leptolyngbya* sp. KC45中的藻胆蛋白需要85%饱和度的硫酸铵才能沉淀下来（Pumas et al.，2012）。用55%的硫酸铵能够将藓类念珠藻（*Nostoc muscorum*）中的85%的藻红蛋白抽提出来，纯度达到2.89（Ranjitha & Kaushik，2005a）。用65%的硫酸铵能够将85.8%的藻红蛋白制备出来，纯度为2.81（Chakdar & Pabbi，2012）。二者结果基本一致。

为提高藻胆蛋白的纯度，可采用分级沉淀法，先用15%~30%饱和度的硫酸铵溶液沉淀去除杂质，然后再用40%~85%饱和度的硫酸铵沉淀藻胆蛋白。不同藻类的藻胆蛋白应选择不同饱和度的硫酸铵溶液沉淀。

Patel et al.（2005）采用25%、50%饱和度的硫酸铵分级沉淀螺旋藻中的藻蓝蛋白。藻蓝蛋白初级沉淀时选用25%饱和度的硫酸铵优于20%，能提高藻蓝蛋白的得率，但继续提高硫酸铵的饱和度会降低藻蓝蛋白的纯度（Gantar et al.，2012）。有的学者认为从螺旋藻中制备藻蓝蛋白时，50%饱和度的硫酸铵适宜沉淀C-藻蓝蛋白，低浓度的硫酸铵沉淀的是杂质（Patel et al.，2005；Zhang & Chen，1999）。从蓝藻（*Aphenothece halphytica*）中制备藻蓝蛋白使用20%、40%饱和度的硫酸铵分级沉淀即可（Hilditch et al.，1991）。

从海洋蓝藻（*Phormidium*）中制备别藻蓝蛋白时，先用含0.01% Triton X-100的40%饱和度的硫酸铵溶液沉淀杂质，继续添加硫酸铵至饱和度为70%，能够沉淀别藻蓝蛋白（Sonani et al.，2015）。

紫球藻中的藻红蛋白可采用20%、70%饱和度的硫酸铵分级沉淀，藻胆蛋白的纯度可达1.5（Parmar et al.，2011a）。

我们研究发现，分级沉淀时常用25%~30%饱和度的硫酸铵溶液沉淀去除杂质，但该饱和度可将部分藻红蛋白沉淀出来，故一般用于藻蓝蛋白的粗提，作者研究发现藻红蛋白的分级沉淀硫酸铵的饱和度应为15%。

在盐析沉淀藻胆蛋白时，藻胆蛋白溶液的浓度不能太大，否则会发生蛋白质共沉淀，硫酸铵要研磨细，边缓慢加入边搅拌，并在冰浴上进行。硫酸铵加完后要继续搅拌半小时，然后4℃静置4小时以上，使藻胆蛋白完全析出。把溶液pH值调节到等电点附近，也有利于藻胆蛋白的析出。

2.4.2　等电点沉淀法

蛋白质在等电点时溶解度最低，利用不同蛋白质具有不同等电点的特性，对蛋白质进行分离。即使处于等电点时，蛋白质仍有一定的溶解度而使其沉淀不完全，同时很多蛋白质的等电点接近，故单独使用该法效果不理想，分辨力较差，因此该法多用于提取后去除杂蛋白，即改变样品溶液的pH值，使与目的蛋白的等电点差别较大的杂蛋白从溶液中沉淀。

等电点沉淀法可用于藻胆蛋白的粗提。等电点沉淀法是调节溶液pH值至藻胆蛋白等电点，使藻胆蛋白溶解度下降而沉淀析出。但藻胆蛋白对pH值较敏感，注意不要引起蛋白质变性。超滤膜过滤用于藻胆蛋白粗提，理论上是可行的。选择截流分子量适宜的过滤膜，可以去除无机盐和小分子的蛋白质，达到粗提的目的。还有人用硝酸钠高渗-超滤法纯化藻胆蛋白。

2.4.3　超滤法

超滤是一种与膜孔径大小相关的筛分过程，以膜两侧的压力差为驱动力，以超滤膜为过滤介质，在一定的压力下（外源氮气压或真空泵压），当原液流过膜表面时，超滤膜表面密布的许多细小的微孔只允许小于微孔直径的物质通过而成为透过液，而原液中直径大于滤膜微孔直径的物质则被截留在滤膜的进液侧，成为浓缩液，因而实现对原液的净化、分离和浓缩的目的。

超滤膜为中空纤维超滤膜组件，是由中空纤维丝和膜壳两部分组成，一般将中空纤维内径在0.6~6mm之间的超滤膜称为毛细管式超滤膜，毛细管式超滤膜因内径较大，因此不易被大颗粒物质堵塞，更适用于过滤原液浓度较大的溶液。该法是利用特制的薄膜对溶液中各种溶质分子进行选择性过滤，适于生物大分子尤其是蛋白质浓缩，优点在于操作方便、条件温和、能较好保持生物大分子的活性等。超滤法应用的关键在于滤膜的选择，需要根据实际情况选择滤膜的规格、截留分子量、溶液通过时的最大流速等有关参数。此外，溶液中溶质的成分及性质、溶液浓度及黏度都对超滤效果有一定影响。样品溶液较少时可选择商品化的超滤管进行浓缩。

利用不同孔径的超滤膜使大小不同的分子分级，藻胆蛋白溶液通过截留分子量不同的超滤膜就能实现分离。膜分离具有无相变、无化学变化、可常温操作、选择性高、能耗低、条件温和、生产周期短等优点，是藻胆蛋白除杂的新途径。使用截留分子量不同的超滤膜超滤可实现藻胆蛋白的初步纯化的目的。

膜超滤同样可用于藻胆蛋白粗提和高效浓缩，选择截流分子量适宜的过滤膜，可以去除分子量较小的杂质，达到粗提的目的。

但是，藻胆蛋白溶液中含有大量的多糖和杂质极易造成微孔滤膜堵塞，因此通常采用多级超滤的策略，先用截留分子量大的滤膜除去大分子，再用截留分子量较小的滤膜过滤，这样不容易阻塞微孔。

采用二步超滤法可从紫球藻中同时制备B-藻红蛋白和多糖。先用300kDa超滤膜去除大分子量多糖，再用10kDa超滤将B-藻红蛋白和其他蛋白质与小分子多糖分离，经10kDa超滤膜的穿过液中含有80%的多糖（无色素蛋白），同样截留物中的B-PE中不含有多糖。该法能够制备48%的B-藻红蛋白，可作为柱层析纯化前的藻红蛋白去除多糖和浓缩步骤（Marcati，2014）。超滤是潜在的规模化制备藻胆蛋白的方法（Babu et al.，2006）。

滤膜孔径大小对物质损失影响较大。截留分子量100kDa的超滤膜超滤时损失量超过50%，而用截留分子量50kDa的超滤膜超滤时损失量仅为21%（Sorensen et al.，2013）。

2.4.4 CHAPS法

近年来还报道过一些新的藻胆蛋白粗提方法。Viskari 和 Colyer（2003）用3% CHAPS及0.3% 异凝集素结合研磨破壁，3h内从蓝藻*Synechococcus* CCMP833中高效提取出藻蓝蛋白，得率达85%以上（Viskari & Colyer，2003）。

2.4.5 吸附法

在钝顶螺旋藻溶液经过活性炭柱吸附后，藻蓝蛋白的纯度由1.18提高到2.58，而经过壳聚糖吸附杂质，能使藻蓝蛋白的纯度由1.18提高到3.96，得率为73%（Patil et al.，2006）。其原因是壳聚糖含有氨基和羟基，因而吸附杂质的能力更强。从*Limnothrix sp.*粗提C-PC的同时加入壳聚糖（0.01 g/L）和活性炭（1% w/v），能显著提高藻蓝蛋白的纯度，A_{620}/A_{280}由2.0提高到3.6，当然伴随一定数量的损失（Gantar et al.，2012）。

2.4.6 多种粗提方法的联合应用

多种粗提方法联合应用也能制备出纯的藻胆蛋白。Gantar 等（2012）用壳聚糖（0.01g/L）和活性炭（1% w/v）吸附，然后用硫酸铵沉淀，最后用超滤膜过滤，成功从干的*Limnothrix sp.*中制备出纯的C-藻蓝蛋白，得率为18%，纯度为4.3（Gantar et al.，2012）。

2.5　藻胆蛋白的分离纯化

藻胆蛋白的分离纯化是藻胆蛋白制备的关键步骤，直接决定藻胆蛋白制备的纯度、得率以及制备成本。藻胆蛋白的纯化工艺复杂，产率低，纯度低，耗时长，导致藻胆蛋白售价昂贵，限制了其应用和推广。

理论上纯化蛋白质的方法都可用于纯化藻胆蛋白。根据电荷数、等电点、分子量等不同采取不同的纯化方法。

蛋白纯化的一般原则是：先利用各种蛋白间的相似性来去除非蛋白类物质的污染，再利用各蛋白质的差异将目的蛋白从其他蛋白中纯化出来。每种蛋白间的大小、形状、电荷、疏水性、溶解度和生物学活性都会有差异，利用这些差异可将蛋白从混合物中提取出来。蛋白的制备分为粗提和精制（分离纯化）两个阶段。粗提阶段主要将目的蛋白与其他杂质分开，由于此时样本体积大、成分杂，要求所用的分离介质的高容量、高流速、颗粒大、粒径分布宽，并可以迅速将蛋白与污染物分开，防止目的蛋白被降解。精细纯化阶段则需要高的分辨率，把目的蛋白与那些大小及理化性质接近的蛋白区分开来，需要用更小的分离介质的颗粒以提高分辨率。

不同种类的藻胆蛋白的等电点不同。各种藻胆蛋白的PI为4.7~5.3（Glazer，1981），如CPC的PI为5~5.5，PE 为3.7，PC为4.6（Yu et al.，1991；Zeng et al.，1992）。可以利用等电点沉淀原理进行不同种类的藻胆蛋白的分离纯化。

藻胆蛋白的分离纯化方法主要有：

（1）根据蛋白质溶解度不同，采用盐析、等电点沉淀法等，低温有机溶剂沉淀法会引起藻胆蛋白变性，应慎用。

（2）根据蛋白质分子大小的差别，采用透析与超滤、凝胶过滤法。

（3）根据蛋白质在不同pH值环境中带电性质和电荷数量不同，采用电泳法、离子交换层析法。

（4）选择性吸附分离（物理吸附），如羟基磷灰石色谱、疏水作用色谱等。

不同的纯化方法获得的藻胆蛋白的纯度、得率、效率不同。至今尚没有标准的藻胆蛋白分离纯化方法。近年来在藻胆蛋白分离纯化方面还不断涌现出新方法和新技术。

藻胆蛋白纯化除了要保证纯度外还必须保持其生物学活性。衡量藻胆蛋白分离纯化（精制）效果的指标有：①纯度，取决于制备目的；②得率，得率越高越好，但分离纯化过程中提纯步骤越多，损失越大，得率越低；③活性，保持天然构象状态，保留其生物活性。

藻胆蛋白的分离纯化方法主要分为层析法和非层析法两类。层析法是藻胆蛋白的主流纯化方法，包括离子交换层析、羟基磷灰石层析、凝胶过滤层析、高效液相色谱以及扩张床吸附层析、疏水作用层析等。每种层析法各有优缺点。例如，凝胶色谱层析耗时长，样品须进行前处理，而且分辨率不高。羟基磷灰石层析的分离纯度较高，通常需要多次纯化。离子交换法因简便、快速、纯度高而显示出一定的优势。扩张床层析可以大量制备。有时采用一种层析法无法制备高纯度的藻胆蛋白，还需要利用两种甚至更多种类的层析法来进行分离纯化。非层析法包括制备电泳、双水相萃取、Rivanol–Sulfate法等。

2.5.1 凝胶过滤层析

凝胶过滤层析，又称分子筛过滤、排阻色谱，主要是根据蛋白质分子的大小和形状来区分，是分离蛋白质混合物的有效方法之一。优点在于设备简单、操作简便、适用范围广。由于凝胶具有多孔网状结构，大于凝胶孔径的蛋白分子无法进入凝胶内部，只能在凝胶颗粒间流动，洗脱时间较短；较小的蛋白分子则进入凝胶内部，通行距离较长，洗脱时间长，使不同分子量的分子得以分离。优良的凝胶介质是获得良好分离效果的前提，介质不能与溶液发生化学反应，不能吸附待分离的蛋白样品，凝胶孔径大小应均一。当混合样品中组分较多时，应选择分离范围广的介质；成分简单的样品应选择分辨率高的凝胶；需要精细分离时，应选择粒度小、分辨率高的介质。凝胶介质商品化程度高，选择范围广，常见的有葡聚糖和琼脂糖系列。

缺点：耗时长，分辨率不高，样品须进行前处理，上样量小，常用于藻胆蛋白最后一步纯化和测定分子量。

使用硫酸铵沉淀结合一步Sephadex G–150凝胶过滤色谱法从*Phormidium sp.* A27DM中纯化出PE，纯度为3.9（Parmar et al.，2011a）。

2.5.2 离子交换层析

离子交换层析（Ion-Exchange Chromatography，IEC）是利用离子交换树脂上的可交换离子与周围介质中被分离的各种离子间亲和力不同，经过交换平衡达到分离目的的一种柱层析法。利用带离子基团的色谱介质，吸附交换带相反电荷的蛋白质藻胆蛋白，达到分离纯化的目的。各种蛋白质的等电点不同，所带电荷不同，与凝胶颗粒结合的能力有差别。当梯度洗脱时，逐步增加流动相的离子强度，使加入的离子与蛋白质竞争凝胶颗粒上的电荷位置，从而使混合物中的蛋白被洗脱下来。离子交换色谱具有交换容量大、条件温和、操作简便等优点，还兼具分子筛性能，分辨力较高。离子交换色谱介质多为商品化的凝胶介质，可根据目的蛋白的特性选择合适的凝胶介质，常见的有阴离子交换介质和阳离子交换介质两种。

这种方法操作简单、可重复、灵敏度高、选择性好、分离速度快、易再生等优点。离子交换层析是生物化学制备领域中常用的层析方法，目前广泛应用于生物大分子的分离纯化。

离子交换色谱法是从藻类中分离纯化藻胆蛋白最常使用的一种色谱分析方法，具有高效率、高纯度、高得率的优点。由于藻胆蛋白在天然状态下带负电荷，通常采用阴离子交换色谱法纯化藻胆蛋白。用于纯化藻胆蛋白的离子交换树脂有DEAE-Sepharose Fast Flow、SOURCE 15Q、DEAE-cellulose（纤维素）、Q Sepharose（葡聚糖）等。

离子交换层析的洗脱方法有连续梯度洗脱和分步洗脱，采用盐离子强度梯度或pH值梯度。

盐离子强度梯度洗脱的阴离子交换色谱通常用于分离C-PC（Boussiba & Richmond，1979；Patel et al.，2005；Zhang & Chen，1999）。Hilditch et al（1991）使用DEAE Sephacel阴离子色谱柱，线性梯度为0~200mM NaCl，洗脱液为150mM Tris缓冲液（pH值为 7.4）的阴离子交换色谱纯化藻胆蛋白的方法（Hilditch et al.，1991）。阴离子交换不连续离子强度梯度洗脱法能够分离藻胆蛋白，B-PE和b-PE能被0.25M乙酸-乙酸钠缓冲液（pH值为5.5）洗脱，而R-PC和APC被0.05M醋酸-乙酸钠缓冲液（pH值为5.5）洗脱（Bermejo et al.，2001）。

pH值梯度洗脱的阴离子交换色谱是一种高效率、高分辨率的R-PE、C-PC和APC的纯化方法，因为不同的藻胆蛋白可以根据各自的等电点不同而使用不同的pH值的洗脱液洗脱（Liu et al.，2005；Yan et al.，2011）。各种藻胆蛋白的PI不同，为3.7~5.3（Glazer，1981），如CPC为5~5.5，PE 为3.7（Yu et al.，1991），RPC为4.6（Zeng et al.，1992）。我们研究发现，pH值梯度洗脱阴离子交换色谱制备的藻胆蛋白的纯度和得率都比使用离子强度梯度制备的藻胆蛋白高，对pH值稳定性好的蛋白质推荐使用pH值梯度离子交换色谱纯化（Liu et al.，2005；Bermejo et al.，2002）。我们已经建立了基于pH值梯度洗脱离子交换层析法纯化藻红蛋白、藻蓝蛋白的技术，并且通过一步阴离子交换色谱纯化可同时获得两种高纯度、高得率的藻胆蛋白（Liu et al.，2005；Yan et al.，2011）。

B-PE的纯化通常采用三步色谱（Glazer & Hixson，1977）或两步色谱法（Yu et al.，1981）。使用DEAE纤维素的阴离子色谱柱，用乙酸钠-乙酸缓冲液（pH值为5.5）的不连续梯度洗脱从紫球藻中回收了32.7%的PE（Bermejo Roman et al.,2002）。从灰色念珠藻（*Nostoc muscorum*）中先用55%饱和度的硫酸铵沉淀出纯度为2.89的PE，回收率为85%，然后用阴离子交换色谱法回收了72%的纯度为8.12的藻红蛋白（Ranjitha & Kaushik，2005a）。相关实验结果表明，用200mM NaCl离子强度能够分离RPE，纯度为2.89，回收率为27%（Munier et al.,2015）。采用渗透法、超滤法及一步SOURCE 15Q阴离子交换色谱法分离纯化B-PE，制备的B-PE纯度为5.1，收率为68.5%（Tang et al.,2016）。

Soni 等（2006）采用硫酸铵沉淀、凝胶过滤色谱和DEAE纤维素柱层析法从颤藻（*Oscillatoria quadripunctulata*）中提取了纯度为3.31的PC。我们在硫酸铵沉淀后，用DEAE Sepharose Fast Flow阴离子交换层析，从螺旋藻中分别回收67.04%的纯C-PC和80%的纯APC（Yan et al.，2011）。此外，一步离子交换色谱pH梯度洗脱法纯化螺旋藻中的的C-PC和APC比报道的方法更有效（Yan et al.，2011）。用这种方法获得的C-PC和APC的纯度均大于5，高于此前报道的纯度（Bermejo et al.，2006；Boussiba & Richmond，1979；Minkova et al.，2007；Niu et al.，2007；Patel et al.，2005；Patil & Raghavarao，2007；Soni et al.，2008）。用这种方法获得的C-PC的回收率高达111.83mg/g冻干螺旋藻，比文献报道的得率高25倍（Bermejo et al.，2006；Minkova et al.，2007；Niu et al.，2007；Patel et al.，2005；Soni et al.，2008）。该法能同时纯化C-PC和APC，比Zhang & Chen（1999）报道的方法制备藻胆蛋白的效率更高、生产成本更低。采用pH值梯度洗脱一步法阴离子交换层析，可有效纯化出高纯度、高收率的C-PC和APC。在纯度、回收率、简单性和效率方面，该方法被证明是一种很好的纯化藻胆蛋白的方法（Yan et al.，2011）。

2.5.3　羟基磷灰石层析

羟基磷灰石层析（Hydroxylapatite chromatography）用于纯化藻蓝蛋白和别藻蓝蛋白效果较好，通常需多次纯化，纯化效果与羟基磷灰石的颗粒大小和质量有关。

利用不同蛋白质对同一吸附剂的吸附结合能力的差异而将蛋白质分开。吸附法可选择性应用，即根据吸附剂的特性选择吸附目的蛋白或杂蛋白。当目的蛋白较易与吸附剂结合时，可选择适当条件吸附目的蛋白而去除杂蛋白；当目的蛋白不易与吸附剂结合时，可选择吸附杂蛋白将其分离。以上方法可先后使用，以获得较好的提纯效果。吸附条件通常在弱酸性条件（pH值为5~6）及稀盐溶液中进行，盐浓度过高会影响蛋白质的吸附。根据吸附方式，选择收集穿过的样品部分或洗脱的样品部分。洗脱时一般在弱碱条件或适当提高洗脱溶液的离子强度，多次洗脱可将吸附的蛋白质完全洗脱下来。常用吸附剂多为凝胶性吸附剂，可用静态吸附，或将凝胶装柱吸附。例如，蓝藻中常见的藻蓝蛋白和别藻蓝蛋白，利用二者与羟基磷灰石结合能力的差异可将二者分开。

　　羟基磷灰石（HAP）层析是基于蛋白质和基质之间的相互吸附作用来进行蛋白质纯化的，但分离机制尚不清楚。羟基磷灰石和蛋白质之间的复杂相互作用可能赋予HAP色谱独特的分离特性，特别是当纯化对象不能在其他色谱模式下实现时。HAP色谱法不是一种可靠的方法，因为分离能力取决于颗粒的质量，再生能力不好（Kawsar，2011）。

　　Rossano等（2003）利用羟基磷灰石色谱法和Sephadex 75分子筛从*Corallina elongata*中纯化了R-藻红蛋白（Rossano et al.,2003）。Su等（2010）利用HAP与IEC联合层析和硫酸铵沉淀法从钝顶螺旋藻中成功纯化出APC（Su et al.，2010）。同样，用HAP和IEC联合法从螺旋藻中制备出纯度为4.15的C-PC（Boussiba & Richmond，1979）。Benedetti等（2006）利用HAP从*Aphanizomenon flos-aquae*纯化出纯度为4.78的C-PC（Benedetti et al.，2006）。

2.5.4　疏水作用层析

　　疏水作用层析（Hydrophobic Interaction Chromatography，HIC）是根据分子表面疏水性差别来分离蛋白质和多肽等生物大分子的一种较为常用的层析方法。蛋白质和多肽等生物大分子的表面常常暴露着一些疏水性基团，疏水性基团可以与疏水层析介质发生疏水作用而结合。不同的分子疏水性不同，与疏水性层析介质之间的疏水性作用力强弱不同，疏水作用层析就是依据这一原理分离纯化蛋白质和多肽等生物大分子。溶液中高离子强度可以增强蛋白质和多肽等生物大分子与疏水性层析介质之间的疏水作用。利用这个性质，在高离子强度下将待分离的样品吸附在疏水性层析介质上，然后线性或阶段降低离子强度选择性的将样品解吸。疏水性弱的物质，在较高离子强度的溶液时被洗脱下来，当离子强度降低时，疏水性强的物质才随后被洗脱下来。疏水作用层析原理复杂，但纯化快速、得率高、可大量制备，层析柱不需平衡。疏水作用力弱，利于保持生物分子的生物活性。

对于疏水层析，基于盐析沉淀原理，通过高抗反渗盐浓度促进蛋白质与非极性疏水基质之间的疏水相互作用。疏水层析初始缓冲液的盐浓度越高，疏水层析基质与蛋白质疏水基团之间的相互作用越强。

在中性pH环境中，Q-琼脂糖凝胶与DEAE Sepharose FF相比，与负载的蛋白质结合更紧密，因为后者在最佳pH值范围6~10的中性pH下带有较小的表面阴离子。在蛋白质和基质之间，任何原因造成的强相互作用都可能导致蛋白质与基质的不可逆结合，降低靶蛋白的回收率。此外，这些相互作用，特别是多位点的相互作用，可能在色谱过程中，尤其是相对苛刻的条件下色谱过程中，使蛋白质在构象、构型甚至多肽丢失方面带来不可逆的变化。因此，在尽可能温和条件下来制备蛋白质，特别是多肽链，使不可逆的结构变化，包括多肽丢失，被降低到最低程度。

Santiago-Santos等（2004）用疏水色谱法获得了80%的回收率和纯度为3.5的PC。Abalde等用丁基琼脂糖疏水色谱法从*Synechococcus sp.* IO920中回收了83.4%的纯度为3.2的藻蓝蛋白，然后利用阴离子交换层析继续纯化，最终获得纯度为4.85，回收率为76.56%的藻蓝蛋白（Abalde et al.,1998）。Soni等人用改良的一步疏水色谱法从*Phormidium fragile*中制备了纯度为4.52的藻蓝蛋白（Soni et al.,2008）。

2.5.5　扩张床吸附层析

扩张床吸附层析（Expanded Bed Absorption chromatography，EBA）属于疏水色谱（HIC）。高浓度中性盐增强了蛋白质与吸附剂（如STREAMLINE Phenyl（-Sepharose）或DEAE）的结合，因此在高浓度（NH$_4$)$_2$SO$_4$存在下，藻胆蛋白被吸附剂捕获，通过降低（NH$_4$)$_2$SO$_4$的浓度来洗脱结合到吸附剂的藻胆蛋白。扩张床吸附层析是一种产品损耗小、适合大规模生产的制备方法（Niu et al., 2010）。这种方法关注的是产品回收率的最大化，而不是纯度，因此该法分辨率低。

利用多种STREAMLINE技术，能处理含悬浮颗粒的液体，流动成活塞流，反混程度低，分离效率高，可作为蛋白质的初步分离方法，直接从原液中获得目标蛋白。EBA将离心、超滤、粗纯化结合为一，能取代固液分离、浓缩、初步纯化三步操作，具有提高回收率、减少操作步骤、缩短纯化周期、提高纯化效率的优点，兼有固定床和流动床的优点，可用于快速、大量制备藻胆蛋白，而且能够解决藻细胞释放出的黏稠的多糖阻塞色谱柱的难题。选择合适的吸附剂是EBA的关键。王广策实验室利用扩张床层析分离纯化了RPE和CPC（Niu et al.,2006；Niu et al.,2007；Wang，2002）。Bermojo建立了基于DEAE吸附剂的扩张床层析从紫球藻中分离纯化了藻红蛋白，50mM醋酸–乙酸钠缓冲液（pH值为5.5），结合的藻红蛋白用250mM醋酸–乙酸钠缓冲液（pH值为5.5）洗脱。最大得率为71%，制备时间为108分钟。如果柱床直径由15mm调整为60mm，得率达74%，纯度大于3（Bermejo et al.,2007）。

2.5.6 高效液相色谱

高效液相色谱（High Performance Liquid Chromatography，HPLC），又称高压液相色谱、高速液相色谱、高分离度液相色谱等，是色谱法的一个重要分支，以液体为流动相，采用高压输液系统，将具有不同极性的单一溶剂或不同比例的混合溶剂、缓冲液等流动相泵入装有固定相的色谱柱，在柱内各成分被分离后，进入检测器进行检测，从而实现对试样的分析。该方法已成为化学、医学、工业、农学、商检和法检等学科领域中重要的分离分析技术应用。

高效液相色谱仪一般都具备贮液器、高压泵、梯度洗提装置、进样器、色谱柱、检测器、恒温器、自动收集器以及数据获取与处理系统等几部分。

HPLC的类型有：①吸附色谱法（Absorption Chromatography）；②分配色谱法（Partition Chromatography）；③离子色谱法（Ion Chromatography）；④分子排阻色谱法或凝胶色谱法（Size Exclusion Chromatography）；⑤键合相色谱法（bonded–phase chromatography）；⑥亲和色谱法（Affinity Chromatography）。

HPLC的优点有：①高压；②高速，分析速度快、载液流速快，通常分析样品仅需十几分钟甚至几分钟即可完成，一般小于1小时；③高效，分离效能高；④高灵敏度。紫外检测器可达0.01ng，进样量在μL数量级；⑤应用范围广，70%以上的有机化合物可用HPLC分析，特别是高沸点、大分子、强极性、热稳定性差化合物的分离分析，显示出优势；⑥层析柱可反复使用，可分离不同化合物；⑦样品用量少、不被破坏、易回收。

HPLC的缺点：HPLC存在柱外效应。从进样到检测器之间，层析柱以外的任何死空间（进样器、柱接头、连接管和检测池等）中，如果流动相的流型发生变化，被分离物质的任何扩散和滞留都会导致色谱峰加宽，柱效率降低。

HPLC解决了常规液相色谱的耗时长、分辨率低的缺点，可用于藻胆蛋白分析及其亚基的分离纯化。

2.5.7 快速蛋白液相色谱

快速蛋白液相色谱（Fast Protein Liquid Chromatography，FPLC）是一种特殊的高效液相层析（HPLC），主要用于蛋白质组分的快速分离纯化和定量测定。其基本原理与HPLC相同，都是经典的液体柱层析理论，即在高压条件下（$20\sim200kg/cm^2$），利用分离物质在液相载体中的迁移速率的不同而进行分离纯化。

FPLC与HPLC的相同之处有：都采用输液泵、高灵敏检测器、梯度洗脱装置、自动收集装置和计算机控制等设备，均具有快速、分辨率高、分离效能高等特点。

HPLC分离纯化生物大分子时，液相载体一般为有机溶剂，容易使生物大分子变性失活，降低生物大分子的回收率。同时HPLC系统的流通线路采用非惰性的不锈钢制造，工作状态下可能会使金属离子发生解离，从而吸附某些蛋白质组分。而FPLC对相体进行了改革，FPLC以耐高压的有机玻璃管作为层析柱，其他管道也用耐高压的非金属材料制成，同时采用惰性液相载体，可安全快速分离蛋白组分。因此，FPLC保留了HPLC的操作简易、重复性强、分离速度快等特点，并且在生物大分子分离纯化过程中具有更高的分辨率和实用性。FPLC有其专用预装柱，并配备有分子筛、离子交换、疏水层析等各类层析柱，在生物学、化学和环境科学等领域有着广泛的应用。FPLC是专门用来分离蛋白质、多肽及多核苷酸的系统，是HPLC近年来的一项重要革新，它不但保持了HPLC的快速、高分辨率等特性，而且具有柱容量大、回收效率高及不易使生物大分子失活等特性。FPLC能以极快的速度把复杂混合物分离，可在短时间内大量纯化样品，因此近年来在分离蛋白质、多肽及寡核苷酸等方面得到了广泛应用，在生命科学研究及药物生产上使用越来越广泛。

FPLC与HPLC的不同之处有：HPLC的管道系统多采用金属材料，流动相由往复泵或隔膜泵驱动，使用高压，色谱柱内径小，分析精度高，最大流速通常不超过20mL/min（有些制备级HPLC可达300mL/min），有时需使用一定浓度的有机溶剂，适用于微量样本检测或少量纯化制备；FPLC的管道系统是由耐高压的塑料管组成，流动相多由柱塞式泵驱动，中低压，所用色谱柱内径大，流速范围$0\sim100mL/min$（最大流速可达1000mL/min），分析精度没有HPLC高，只使用常规无机盐溶液，适于大规模纯化样品。另外，二者的应用范围不同：HPLC可分析低沸点低相对分子质量分子、高沸点中分子、高分子有机化合物（包括极性、非极性）、离子型无机化合物、热不稳定生物分子；FPLC专门用于蛋白质、多肽及多核苷酸的分离纯化。

FPLC可用于藻胆蛋白的快速、批量制备。

2.5.8　制备电泳

此法制备量少、纯度低。Galland-Irmouli等（2000）从*Palmaria palmata*中一步电泳法制备出纯度3.2的RPE。用新的PAGE缓冲体系从海洋红藻多管藻中制备出天然APC和R-PC（Wang et al.，2014）。

2.5.9　双水相萃取

双水相萃取系统（Aqueous Two-Phase System，ATPS）的原理是基于生物质在双水相体系中的选择性分配，这种分配关系与常规的萃取分配关系相比，表现出更大或更小的分配系数。ATPS常用于从混合物提取蛋白，具有生产规模可放大、分离速度快、回收率高、分离条件温和等优点。

液-液萃取因水溶液中的环境友好相或胶束形成聚合物而受到关注，逐步替代传统环境污染型挥发性有机溶剂（Raghavarao et al.，2003）。ATPS包括两相，主要通过添加两种或两种以上水溶性聚合物或一种聚合物与低分子量溶质（如高于其临界浓度的盐）而形成。这些体系具有低表面张力，因为两相都是亲水的，但程度不同。这种特性使其适于不稳定的生物分子（如蛋白质、酶、核酸等）的分离。影响双水相萃取的因素包括聚合物的性质和浓度、萃取温度、盐的类型和浓度。聚合物的分子量越大，相分离所需的浓度越低，两种聚合物之间分子量的差异越大，二者的不对称性越大。同样，两相形成组分间的疏水性差别越大，相形成的倾向越高。

双水相萃取的两相大部分由水组成，为生物材料形成了温和的环境（Marrcos et al.，2002）。聚合物对颗粒的结构和生物活性具有一定影响（Kepka et al.，2003）。因此，双水相萃取优于有机溶剂的提取法，非常有用且适用范围广泛，特别适用于生物材料（Naganagouda & Mulimani，2008）。双水相萃取能将所需蛋白质分配到一相中而杂质分配到另一相中，不仅能纯化蛋白质，而且能起到浓缩作用。

双水相萃取被认为是天然色素等生物分子下游加工的一种优先的和通用的技术（Diamond & Hsu，1992；Raghavarao et al.，1998；Chethana et al., 2015; Chethana et al., 2006; Rito-Palomares et al., 2001a; Rito-Palomares et al., 2001b）。双水相萃取的主要优点是容量大、产率高、加工时间短、能耗低、易于放大、环境生物相容性好、生物活性稳定等。此外，反胶束萃取法具有选择性高、物质的活性高、同时分离与浓缩等优点。双水相萃取具有广阔的应用前景，虽然该法是近年来发展起来的，但在蛋白质、多糖、核酸、细胞、细胞器、病毒、细胞膜碎片等生物材料分离中应用日益普遍。然而，双水相萃取在生物产业中的广泛应用仍然存在阻碍，如高成本的相形成聚合物和萃取后两相的缓慢分层。

用聚乙二醇4000和磷酸钾双水相萃取系统纯化能将大部分C-PC聚集在PEG相（Patil & Raghavarao, 2007）。聚乙二醇的黏度随着聚乙二醇分子量的增加而增加。聚乙二醇的选择性去除是个问题。因此，纯化过程中倾向于使用低分子量的聚乙二醇。pH值为6的PEG磷酸钾体系萃取的纯度高。

采用双水相萃取（ATPS）直接从钝顶螺旋藻的细胞匀浆中提取C-PC，所得的C-PC纯度虽然仅为0.73，但产率高达90.34%（Patil & Raghavarao, 2007）。在不需要多次提取或其他处理步骤的情况下，制备出了纯度为4.32的C-PC，产率约为79%（Chethana et al., 2015）。

在PEG 1000和磷酸钠体系中，体系的最佳pH值为5.8，系线长度为28.50%（W/W），体积比为0.16，经过一次双水相萃取，纯度从0.42提高到1.31，收率为89.52%。经过二、三次ATPS提取后，纯度分别达到2.11和5.01（Zhao et al., 2014）。

在ATPS优化条件下（PEG 4000 12.28%，磷酸钾11.63%，系统pH值为7.2），得到C-PC的纯度为3.96~5.22，收率为66%（Patil et al., 2006）。Patil等（2006）建立了从球藻中批量制备纯B-PE的ATPS工艺，采用球磨、等电沉淀和超滤，最终在优化的ATPS条件下，获得了产率为54%，纯度为4.1的B-PE，放大倍数为×850。制备的B-PE的成本为1.17$/mg，低于B-PE的商业价格（>30$/mg）（Patil et al., 2006）。Patil等通过ATPS和阴离子交换层析纯化得到高纯度的C-PC，回收率为73%。这不仅不需要多个步骤可使产品纯度提高，而且减少了污染物的体积（Patil et al., 2006）。

用CTAB/1-戊醇-1-辛烷（体积比为4:1）对螺旋藻的水提物（pH值为7的0.1 mol/L KCl）进行处理，发现反胶束中的C-PC的提取率为96.3%（Liu et al., 2016）。

Beavies和Rito Palomares（2004）用PEG1450-磷酸盐体系一步双水相萃取法纯化PE，PE富集在PEG相。体系的体积比为1，PEG1450为24.9%（W/W），磷酸盐浓度为12.6%（W/W）和pH值为8，提取的PE的纯度为2.9。

然而，得率取决于ATPS的参数变化，蛋白质回收率最高为73%，最低为45%。纯度和回收率与系统pH值密切相关（Benavides & Rito-Palomares，2004）。

采用29%（W/W）PEG1000、9%（W/W）磷酸钾、45%（W/W）的系线长度、体积比为4.5、pH值为7和40%（W/W）粗提物上样量，H/D为0.5的双水相萃取体系中，在PEG相中从紫球藻高效提取了90%的B-PE，纯度为3.2，纯度提高了4倍（Benavides & Rito-Palomares，2004）。

近年来印度的Raghavarao研究小组和墨西哥的Rito-Palomares研究小组用ATPS法纯化藻胆蛋白，取得较好的效果。Benavides等（2006）利用ATPS从紫球藻中纯化BPE，纯度达3.2，得率为90%。Patil等（2006）、Patil和Raghavarao（2007）从螺旋藻中一步ATPS大量纯化CPC，纯度可达5.22，配合离子交换层析纯度可达6.69。

2.5.10　Rivanol-sulfate法

保加利亚的Minkova和Tchernov利用Rivanol-sulfate法纯化了CPC（Minkova et al.，2007；Minkova et al.，2003；Tchernov et al.，1993；Tchernov et al.，1999）。Minkova等（2007）利用Rivanol-sulfate法从*Arthronema africanum*中同时纯化了CPC和APC，二者的纯度分别为4.52和2.41，CPC的得率为55%（Minkova et al.，2007）。在*Spirulina（Arthrospira）fusiformis*中加入1∶10（V/V）的利凡诺，然后用40%硫酸铵沉淀，获得了纯度为4.3收率为45.7%的C-PC（Minkova et al.，2003）。采用硫酸利凡诺法和氨基己基-琼脂糖凝胶色谱法从*Nostoc sp.*中同时提取了纯C-PE和C-PC（Tchernov et al.，1999）。

2.5.11　多种分离纯化方法的联合应用

Pumas等（2012）用三步色谱法从*Leptolyngbya sp.* KC45中分离纯化了PE。先用硫酸铵沉淀，然后浓缩液用羟基磷灰石纯化。用100 mM磷酸盐缓冲液（pH值为7）配制的0.2M NaCl洗脱，获得的藻红蛋白的产率为37.35%、纯度指数A_{565}/A_{280}为6.75。再用Q-sepharose分子筛纯化得到的PE，纯度为15.48，但产率仅为9.65%。用Sephacryl S-200 HR树脂进行第三次层析纯化，获得高纯度PE（$A_{565}/A_{280}=17.3$），而得率仅为1.36%（Pumas et al.，2012）。

Tchernov等（1999）用硫酸铵沉淀法、利凡诺处理、凝胶过滤色谱、

aminohexyl-sepharose柱层析法从*Nostoc sp.*中获得纯度大于5的藻胆蛋白（Tchernov et al., 1999）。

Reis 等（1998）用硫酸铵沉淀法、凝胶过滤色谱法和Q-sepharose fast flow离子交换色谱法从*Nostoc sp.*中获得纯度为5的藻胆蛋白（Reis et al.,1998）。

Glazer综述了DEAE-cellulose DE-52阴离子交换层析或羟基磷灰石吸附色谱从几种不同藻类中制备藻胆蛋白的方法（Glazer，1988）。Niu等（2006）报道了用阴离子交换层析或HAP层析配合phenyl-Sepharose Streamline扩张床层析法从多管藻中分离纯化R-藻红蛋白（Niu et al., 2006）。

各种藻胆蛋白纯化方法的得率和纯度比较见表2-1。

2.5.12　批量制备藻胆蛋白的方法

藻胆蛋白的纯化方法多数存在纯度低、得率低、操作烦琐、耗时长等缺点。提高效率的有效途径是筛选有效的纯化技术，优化纯化条件，减少纯化步骤，以获得最大的得率和效率（Soni et al.，2007）。因为每增加一次纯化步骤，蛋白质至少损失20%。

藻胆蛋白的高效制备（操作简便、步骤少、效率高、得率高、批量制备）和高纯度制备是一对矛盾体，二者难以兼得。一般情况下追求纯度是以增加步骤、降低得率为代价的。追求得率时纯度往往降低。可以联合采用两种以上的纯化方法来提高纯度。

适于大量制备藻胆蛋白的方法有离子交换层析、疏水作用层析、扩张床吸附层析、羟基磷灰石色谱、双水相萃取、Rivanol-sulfate法、硫酸铵沉淀、超滤等，其中扩张床层析、双水相萃取、珠磨和高压均质的优势明显。大体积的样品常使用离子交换层析来浓缩及粗提。高盐洗脱的样品可再用疏水作用层析纯化。疏水作用层析利用高盐吸附、低盐洗脱的原理，洗脱样品又可直接用离子交换层析等。这两种方法常被交替使用于纯化中。处理大量溶液时，为避免堵塞层析柱，一般使用Sepharose Big Beads、Sepharose XL、Sepharose Fast Flow等大颗粒离子交换介质。扩张床吸附技术利用多种STREAMLINE技术，直接从原液中俘获目标蛋白，将离心、超滤、粗纯化结合为一，提高回收率，缩短纯化周期。硫酸铵沉淀常用来粗提样品，经处理过的样品处于高盐状态，很适合直接用疏水作用层析。

2.5.13　高纯度藻胆蛋白的制备方法

藻胆蛋白纯化的趋势是大量制备和/或高纯度制备，但二者是一对矛盾体，难以兼得，一般情况下追求纯度是以操作烦琐、降低得率为代价的，追求得率时往往纯度降低。可以联合采用两种以上的不同的纯化方法来提高纯度。

为研究藻胆蛋白的结构和性质，有时需要制备高纯度的藻胆蛋白。这时就要牺牲得率，以纯度为主要指标。高纯度藻胆蛋白的制备方法包括离子交换色谱法、高效液相色谱法、快速蛋白液相色谱法、凝胶过滤色谱法和制备电泳法等。高纯度制备藻胆蛋白时首选阴离子交换和/或凝胶过滤层析，往往需要二种以上的层析法联用，甚至需要经过多次分离纯化才能制备出高纯度的藻胆蛋白。

文献报道很多方法已经成功制备出纯的C-藻蓝蛋白（Bermejo et al.，2006；Boussiba & Richmond，1979；Chen et al.，2006；Patil et al.，2006；Santiago-Santos et al.，2004；Zhang & Chen，1999）。但这些方法由多个步骤组成，耗时长，因此导致藻胆蛋白的生产成本增加，限制了它们的广泛应用。

与C-PC相比，APC在蓝藻中的含量更低，因此纯化难度更大，制备效率更低。我们建立的离子交换层析pH值梯度洗脱法能够从多管藻中同时高效分离纯化高纯度的RPE、RPC，是一种优秀的高效分离纯化高纯度藻胆蛋白的方法（Yan et al.，2011）。

2.5.14　藻胆蛋白的分离纯化展望

目前，藻胆蛋白具有较高的商业化价格和大量的市场需求。当前迫切需要研究新的制备方法以减少产品在纯化过程中的损失，然而，大规模的细胞内代谢物的回收仍然具有挑战性，因为并非每个细胞破碎、提取或纯化方法都是可规模放大的。此外，有些生化制备技术是高能耗的。

藻类及藻胆蛋白大规模生产还存在挑战，商业化生产需要跨学科的努力。

培养条件（温度、营养、光）仍需进行研究，以增加藻类中特定化合物的产量。色素蛋白容易因温度、光或其他微生物而降解，因此，应在提取物中使用添加剂或防腐剂。

总之，努力的重点应该是减少提取和纯化步骤中的产品损失和设备及能耗。此外，大规模的下游加工必须加强，以建立经济可行和环境友好的工艺。

然而，由于烦琐的藻胆蛋白的分离纯化，一定程度上限制了藻胆蛋白的应用，因此不断探索新的纯化技术和方法具有重要意义。

2.6 多管藻中R-藻红蛋白、R-藻蓝蛋白的同时高效制备

多管藻属真红藻纲、鲜菜目、松节藻科的高等红藻。已知中国沿海多管藻属红藻有10余种，黄渤海有3种，其中多管藻（*Polysiphonia urceolata*）是优势种。在青岛地区，春季繁盛，野生原料丰富，3~5月进入繁殖期后大型世代消失。多管藻的RPE是典型的三峰型，不仅含量高，而且因为多糖（藻胶）含量低，容易分离纯化，所以后来成为我国研究藻胆蛋白的主要藻种（Pan et al., 1986; Liu et al., 2005）。

多管藻除主要含有RPE外还有RPC和APC。RPE性质稳定，在浓度为10^{-12} M 时不解聚且荧光亮度高，在488 nm处的吸光度比BPE高，是理想的荧光标记物。RPC是唯一同时含有PCB和PEB的藻胆蛋白，在多管藻中含量也较多。APC的含量低，难以纯化，所以多管藻不宜作为制备APC的原料藻。

藻胆蛋白的纯化工艺流程：藻细胞培养、采集→藻细胞破碎→硫酸铵盐析粗提→藻胆蛋白分离纯化→纯度和浓度测定→硫酸铵沉淀保存。

藻胆蛋白是水溶性蛋白，当细胞破碎以后，用适当的低渗水溶液就可以使藻胆蛋白从藻胆体上解离，呈水溶液状态，并保持活性。破碎程度越高，藻胆蛋白得率越高。藻胆蛋白溶出的同时，藻细胞壁中含有的多糖和其他成分也随之析出，给藻胆蛋白的分离纯化带来很大困难。视材料性质和实际需要可用溶胀法、冻融法、超声破碎法、组织匀浆法、压榨法、化学试剂法、低盐浓度法等破碎细胞，提取藻胆蛋白。不同的方法会影响藻胆蛋白的得率。细胞破碎方法、溶剂类型、料液比及提取时间对钝顶螺旋藻藻胆蛋白的提取影响较大（Silveira et al., 2006）。批量制备多管藻的藻胆蛋白常用溶胀法，但至今还没有从多管藻中用溶胀法提取藻胆蛋白的条件优化方面的报道，因此，对缓冲液种类、离子强度、pH值、冻融次数、提取温度、时间、料液比等因素进行研究，以期筛选出溶胀法提取藻胆蛋白的最佳条件。

硫酸铵分级沉淀藻胆蛋白能够收到初步纯化和浓缩效果，有利于藻胆

蛋白的进一步纯化。通常根据蛋白质所带电荷数、分子量、结构等选择硫酸铵的浓度，蛋白质的分子量越大所需硫酸铵的饱和度越低。通常用饱和度30%的硫酸铵沉淀去除杂质，30%~70%饱和度的硫酸铵溶液沉淀藻胆蛋白，但最佳饱和度要根据藻材料和藻胆蛋白种类选择，在以多管藻为材料时，也需要通过试验确定。

藻胆蛋白的纯化方法很多，如离子交换层析、羟基磷灰石层析、凝胶过滤层析、高效液相色谱及扩张床吸附层析（Niu et al.，2006；Wang，2002；Bermejo et al.，2003）、双水相萃取（Benavides and Rito-Palomares，2006）、疏水作用层析（Soni et al.，2007）、利诺矾法（Tchernov et al.，1993）等。上述纯化方法各有优缺点，获得的藻胆蛋白的得率、纯度和纯化效率不同。离子交换法简便、快速、纯度高，是常用的分离纯化方法。通常，藻胆蛋白需经多步纯化才能达到较高纯度，如能减少纯化步骤，将明显提高得率和降低生产成本。本实验室已经建立离子交换层析纯化藻红蛋白的技术（Liu et al.，2005）。我们采用离子交换层析pH值梯度分步洗脱法高效地从多管藻中同时分离纯化高纯度的RPE、RPC，可以批量制备高纯度的作为荧光标记物的藻胆蛋白。从多管藻中同时批量制备RPE、RPC还是首次。

2.6.1 材料和方法

1. 材料

（1）多管藻。采自青岛太平角潮间带，去除杂藻，挤干水分，冷冻保存。

（2）分离介质。DEAE Sepharose Fast Flow、Native-PAGE、SDS-PAGE胶和蛋白marker，购自Amersham。

凝胶过滤标准分子量marker：MW-GF-1000，购自Sigma.

2. 仪器设备

离心机：5804R型，Eppendorf公司生产。

紫外-可见光分光光度计：UV/VIS-550 型，日本Jasco生产。

荧光分光光度计：FP-5100型，日本Jasco生产。

垂直电泳系统：Mini-PROTEAN 3 cell，Bio-Rad生产。

电泳仪：DYY-2C型，北京市六一仪器厂生产。

高效液相色谱系统：日本Shimadzu液相色谱工作站，Shimadzu LC-10A

高效液相色谱仪，检测器为SPD-M10Avp型，蠕动泵为LC-10AS型，处理软件Class-VP 6.12。液相柱型号TSK G3000sw（规格7.5 mm×60 cm），流动相为50mM pH 7.5 PBS，流速0.5 ml/min，检测波长190~800 nm。

阴离子交换层析系统：分离介质DEAE Sepharose Fast Flow，层析柱（3.8 cm×20 mm），由上海华美试验仪器厂生产。蠕动泵：DDB-300电子蠕动泵，上海立信仪器有限公司生产。核酸检测仪：型号HD21C-A，上海康华生化仪器制造有限公司生产。台式记录仪：型号LM17-1A，上海康华生化仪器制造厂生产。自动部分收集器：BSZ-100，上海康华生化仪器制造有限公司生产。梯度混合仪：TH-300，上海沪西分析仪器厂生产。层析实验冷柜：YC-1，北京博医康技术公司生产。

3. 方法步骤

（1）细胞破壁条件优化。溶胀法提取藻胆蛋白的流程：称取5g冷冻多管藻，剪碎后加入到30 mL溶剂中，加入终浓度为0.02%叠氮化钠，置摇床150rpm溶胀破壁一段时间，高速（10000 rpm，4℃）离心20 min，取上清，适当稀释，测定吸光度，计算藻胆蛋白含量、得率、纯度。

1）溶剂类型。首先考察蒸馏水、PBS、NaAc缓冲液三种溶剂对藻胆蛋白得率和纯度的影响，为后续试验筛选最佳溶剂。本试验采用pH值均为5.8的蒸馏水（自然pH值）、50 mM PBS缓冲液、50 mM NaAc-HAc缓冲液，当时室温（15℃）溶胀提取5天，计算藻胆蛋白得率、纯度。

2）pH值。用pH值分别为4、5、6、7、8的50 mM PBS作为溶剂，当时室温（15℃）溶胀提取5天，计算藻胆蛋白得率、纯度。

3）离子强度。用离子强度分别为2、5、10、20、50、100、200 mM的pH值为 5.8的PBS为溶剂，当时室温（15℃）溶胀提取5天，计算藻胆蛋白得率、纯度。

4）溶胀时间。用50 mM pH值为 7 的PBS溶胀，当时室温（15℃）分别提取1、2、3、4、5、6天，计算藻胆蛋白得率和纯度。

5）温度影响。用50 mM pH值为 7 的PBS溶剂，分别于4℃、15℃、25℃溶胀提取5天，计算藻胆蛋白得率和纯度。

6）冻融次数。用50 mM pH值为 7 的PBS溶剂溶胀多管藻，然后进行冻融，分别冻融1、2、3、4、5次，计算藻胆蛋白得率和纯度。

7）料液比。用50 mM pH值为 7 的PBS作为溶剂，按料液比（g/mL）分别为1:2、1:6、1:10、1:20、1:50室温溶胀提取5天，计算藻胆蛋白得率和纯度。

（2）硫酸铵沉淀对RPE、RPC影响。取冷冻保存的多管藻，加入蒸馏水或PBS，室温溶胀3天，多层纱布过滤，挤尽红色藻胆蛋白粗提液，离心，取上清。分别在上清液中加入经研磨的固体硫酸铵粉末，至硫酸铵终浓度分别为20%、25%、30%、35%、40%、45%、50%、55%、60%、65%、70%、80%，放置4℃冰箱过夜，离心，取沉淀，用适量PBS重溶，测定吸收光谱，计算RPE、RPC的浓度、得率、纯度。

（3）阴离子交换层析pH值梯度洗脱法同时分离纯化RPE、RPC。取适量冷冻的多管藻，加适量PBS，室温溶胀3天，多层纱布过滤，滤液经10000 rpm 4℃离心15min，取上层红色透明液体，即为藻胆蛋白粗提液。

在粗提液中加入饱和度25%的硫酸铵，4℃静置4 h后，10000 rpm离心15 min，上清液中继续加入硫酸铵至终浓度60%，4℃静置过夜，10000 rpm 4℃离心15 min，收集红色沉淀，溶解于适量PBS中（pH值为7.0，20 mM），置透析袋中（截留分子量为10 kDa），对同样PBS透析24h，期间经常更换透析液，然后4℃10000 rpm离心15 min，上清液即为待层析纯化样品。

用3倍柱体积的20 mM醋酸缓冲液（pH值为 5.6）平衡DEAE Sepharose Fast Flow离子交换层析柱（1.6 cm×20 cm），上样，用同样缓冲液冲洗未吸附的蛋白质，然后用20 mM醋酸缓冲液（pH值为 4.8，含0.05 M NaCl）和20 mM醋酸缓冲液（pH值为 4.0，含0.05 M NaCl）各100 mL分步洗脱，洗脱速度为60 mL/h，收集蓝紫色和红色组份，即为RPC和RPE。

（4）光谱测定。吸收光谱的检测在Jasco UV/VIS–550紫外–可见光分光光度计上进行。扫描波长区间250~700 nm，响应速度为快速，带宽1 nm，步长0.5 nm，扫描速度为1000 nm/min。

荧光光谱用Jasco FP–5100荧光分光光度计测定。检测RPE荧光发射光谱时用498 nm波长激发，荧光发射波长扫描范围为520~700 nm；检测RPC荧光发射光谱时用580 nm波长激发，荧光发射波长扫描范围为600~700 nm。检测步长为0.2 nm，狭缝宽度为3 nm，检测灵敏度为中等，扫描速度为1000 nm/min。每个样品扫描3次取平均值，用不含蛋白的相同溶液作背景扣除。

（5）浓度和纯度测定。藻胆蛋白纯度常采用最大可见光吸收峰的吸光度与280 nm处的吸光度的比值（$A_{\lambda max}/A_{280}$）评价。藻胆蛋白的浓度以Bennett & Bogorad（1973）的公式计算。

$$[PC] = \frac{OD615 - 0.474OD652}{5.34}$$

$$[APC] = \frac{OD652 - 0.208OD615}{5.09}$$

$$[PE] = \frac{OD562 - 2.41[PC] - 0.849[APC]}{9.62}$$

（6）电泳检测。活性电泳（Native-PAGE）的分离胶浓度为7.5%，浓缩胶浓度为5%。变性电泳（SDS-PAGE）采用垂直板不连续系统电泳，分离胶浓度为12.5%，浓缩胶浓度为5%。恒压电泳，电压为218V。用0.25%（w/v）考马斯亮蓝R-250染色，脱色后观察结果。

（7）分子量和聚集态测定。在液相色谱工作站上测定纯化的RPE、RPC的分子量，液相柱为TSK G3000sw（7.5 mm × 60 cm），洗脱条件为50 mM pH值为7.5 PBS，洗脱速度为0.5 ml/min。结合SDS-PAGE结果，推测其聚集态。

2.6.2　结果与分析

（1）溶剂对藻胆蛋白的得率和纯度的影响。相同pH值的蒸馏水、PBS、醋酸缓冲液三种溶剂溶胀提取多管藻藻胆蛋白，从藻胆蛋白得率和纯度看，PBS的提取效果最好，醋酸缓冲液次之，蒸馏水最差。这与缓冲液更利于维持蛋白质构象和功能的稳定性有关。以后的试验都选用磷酸盐缓冲液作为溶剂溶胀提取藻胆蛋白。PBS提取RPE的得率为2.48 mg/g，纯度为0.42，分别比蒸馏水溶胀提取的藻胆蛋白的得率和纯度高29.84%和23.81%。藻胆蛋白的得率和纯度表现出较好的一致性，RPE、RPC、APC三种藻胆蛋白的得率和纯度也表现出一致性。结果如图2-1所示。

（2）pH值对藻胆蛋白得率和纯度的影响。藻胆蛋白的等电点在3.7~5.3之间（Glazer，1981）。藻胆蛋白在pH值范围为4~9稳定（Galland-Irmouli et al.，2000；Liu et al.，2005；Pan et al.，1986），本试验选择能保持藻胆蛋白构象和性质稳定的pH值范围为 4~8。试验结果表明，pH值对藻胆蛋白提取影响较大。从藻胆蛋白得率和纯度两个方面比较，pH值为 6时提取效果最好，提取效果依次为pH值为 6>pH值为 7>pH值为 8>pH值为 5>pH值为 4。pH值为 6时提取RPE的得率和纯度分别为2.37和0.33，分别是pH值为 4时的10.77和3.75倍。APC、RPC、RPE在得率和纯度方面表现一致（图2-2）。

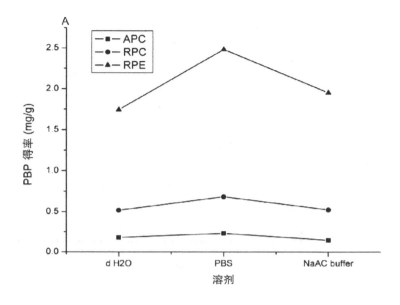

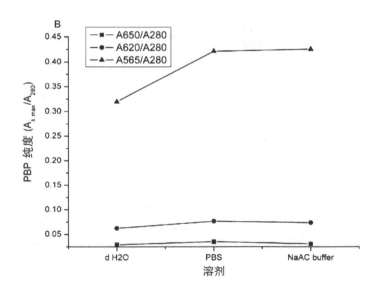

图2-1 溶剂对藻胆蛋白得率和纯度影响

Fig. 2-1 Purity and yield of phycobiliproteins in different kinds of solvents

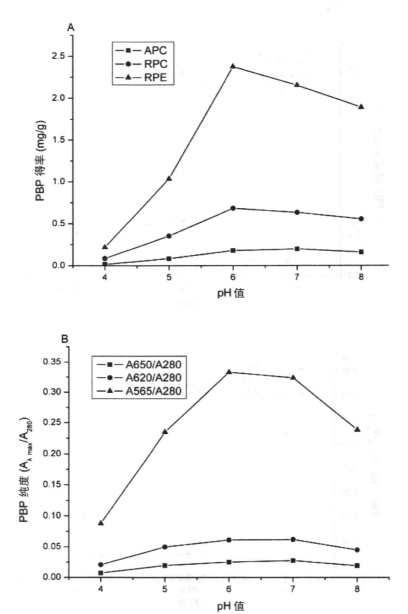

图2-2　pH值对藻胆蛋白得率和纯度影响

Fig. 2-2　Purity and yield of phycobiliproteins in different pH values

（3）离子强度对藻胆蛋白得率和纯度的影响。离子强度2~200 mM的提取溶液对藻胆蛋白的得率和纯度影响不大，RPE、RPC、APC三种藻胆蛋白的得率和纯度都维持在各自相对恒定的水平（图2-3）。

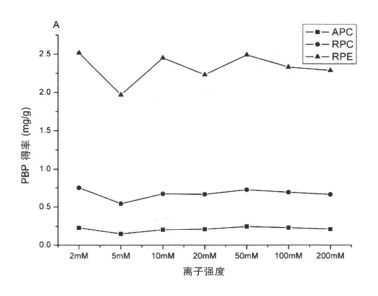

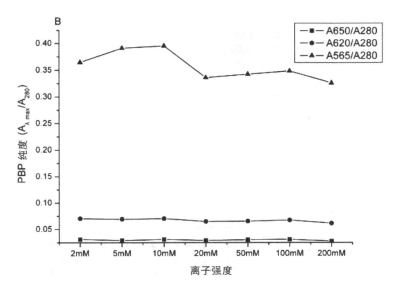

图2-3　离子强度对藻胆蛋白得率和纯度影响

Fig. 2-3　Purity and yield of phycobiliproteins in different ion strength

（4）溶胀时间对藻胆蛋白得率和纯度的影响。溶胀时间对藻胆蛋白得率的影响较大，溶胀3天内得率逐渐增高，3天后趋向平稳，对RPE得率的影响最明显。溶胀时间对藻胆蛋白的纯度影响不大（图2-4）。所以藻胆蛋白的提取以溶胀3天为宜。

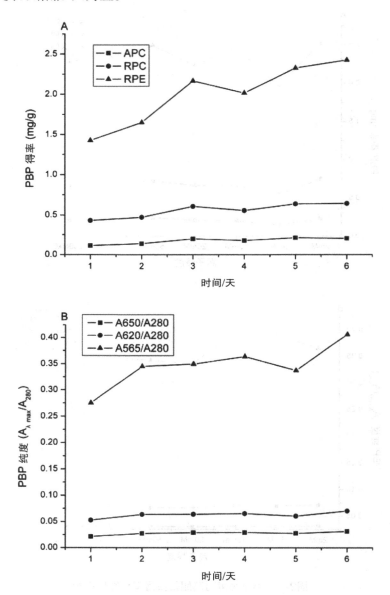

图2-4　溶胀时间对藻胆蛋白得率和纯度影响

Fig. 2-4 Purity and yield of phycobiliproteins at different extraction time

（5）溶胀温度对藻胆蛋白得率和纯度的影响。溶胀温度对藻胆蛋白得率和纯度影响较大，在4~28℃范围内随着提取温度增高藻胆蛋白得率提高，但藻胆蛋白纯度基本没有变化。28℃时RPE的得率是2.87 mg/g，分别是4℃、15℃时得率的2倍和1.6倍。结果如图2–5所示。藻胆蛋白属蛋白质，提取时要避免变性和微生物降解，所以28℃提取时应加入防腐剂。其他组别实验均采用当时的室温（15℃）提取。

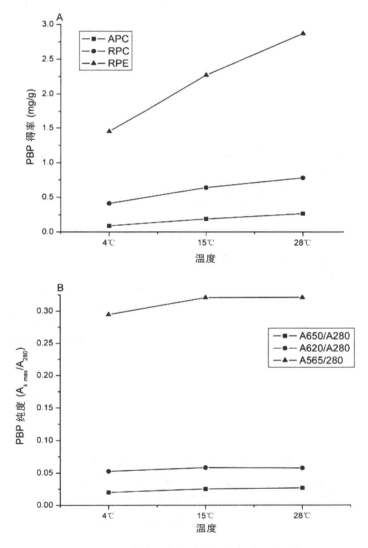

图2–5　温度对藻胆蛋白得率和纯度影响

Fig.2–5　Purity and yield of phycobiliproteins at different extraction temperatures

（6）冻融次数对藻胆蛋白得率和纯度的影响。冻融次数对多管藻藻胆蛋白得率和纯度影响不大。多管藻为大型红藻，藻体细胞壁中含多糖，反复冻融对细胞壁的破坏作用可能没有单细胞藻类明显（图2-6）。冻融法提取藻胆蛋白没有室温下溶胀法提取效果好。

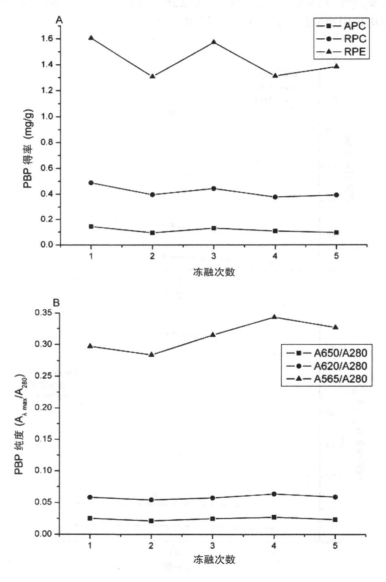

图2-6　冻融次数对藻胆蛋白得率和纯度影响

Fig. 2-6　Purity and yield of phycobiliproteins in different freezing-melting times

（7）料液比对藻胆蛋白得率和纯度的影响。随着料液比增大，藻胆蛋白的纯度降低，料液比1∶2时RPE的纯度是1∶50时的1.7倍。但料液比对藻胆蛋白的得率影响不大（图2-7）。

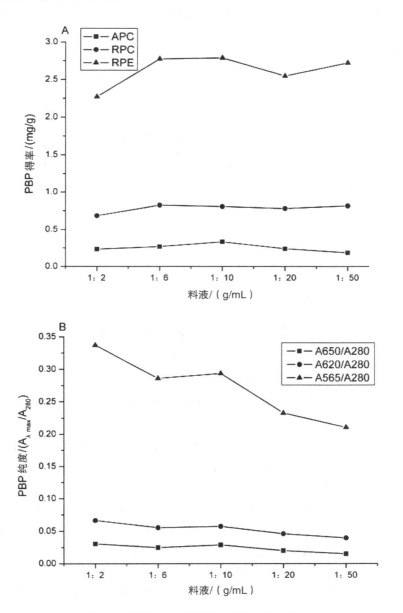

图2-7　料液比对藻胆蛋白得率和纯度影响

Fig.2-7　Purity and yield of phycobiliproteins in different ratios of materials to solvents

（8）硫酸铵饱和度对得率的影响。饱和度20%的硫酸铵能沉淀出47.3%的RPE和24.8%的RPC，因此在硫酸铵分级沉淀藻胆蛋白时，硫酸铵的浓度应小于20%，否则会损失一部分藻胆蛋白。硫酸铵饱和度为40%~70%时，RPE和RPC的得率维持在80%以上，上升缓慢。硫酸铵饱和度为60%时，RPE和RPC的得率均达到最高，分别为91.59%、97.98%。结果如图2-8所示。

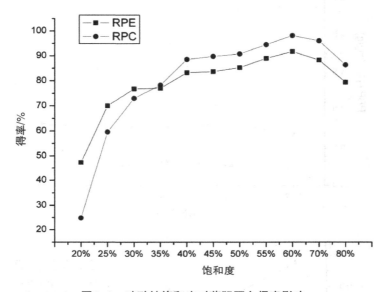

图2-8　硫酸铵饱和度对藻胆蛋白得率影响

Fig. 2-8　The yield of phycobiliprotein in different concentrations of ammonium sulfate

（9）硫酸铵饱和度对纯度的影响。硫酸铵的饱和度为25%~80%时，RPE的纯度随着硫酸铵的饱和度增加而缓慢降低，RPC的纯度随着硫酸铵的饱和度增加变化幅度不大（图2-9）。

（10）硫酸铵饱和度对RPC/RPE得率比的影响。RPC/RPE得率比随着硫酸铵饱和度（25%~80%）的增加而缓慢增加，但饱和度大于40%时该比值维持在一个相对稳定的水平。因为RPC分子量较小，在硫酸铵饱和度小于40%时RPC不容易沉淀，而RPE由于分子量大而容易沉淀，所以RPC/RPE比值低；当硫酸铵饱和度大于40%时，二者的沉淀量都增加，所以比值变大。结果如图2-10所示。

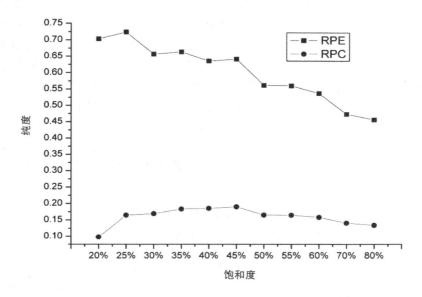

图2-9 硫酸铵饱和度对藻胆蛋白纯度影响

Fig. 2-9 The purity of phycobiliprotein in different concentrations of ammonium sulfate

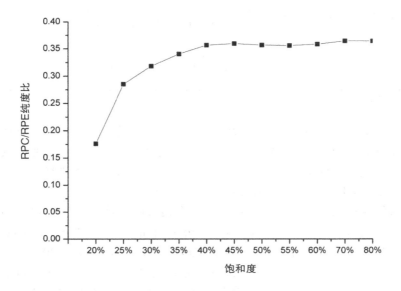

图2-10 硫酸铵饱和度对RPC/RPE纯度比影响

Fig. 2-10 The yield ratio of RPC to RPE in different concentrations of ammonium sulfate

（11）制备过程中每步骤获得藻胆蛋白的得率和纯度比较。多管藻粗提液中的RPE纯度（A_{565}/A_{280}）为0.44，RPC纯度（A_{620}/A_{280}）为0.08，经硫酸铵沉淀后纯度分别达到1.25、0.20，该过程能有效去除部分杂蛋白和色素，而且硫酸铵沉淀利于样品浓缩和长期保存，为大量制备藻胆蛋白提供了方便。离子交换层析后得到的RPE、RPC的纯度分别达到5.31、3.53。离子交换层析pH值洗脱法是一种高效、快捷、简便的分离纯化高纯度RPE、RPC的方法。纯化各步的得率和纯度比较见表2-2。假设多管藻粗提液中的RPE、RPC量为100%，硫酸铵沉淀RPE、RPC的得率分别为91.59%、97.98%，阴离子交换层析RPE、RPC的得率为61.19%、38.83%。

表2-2　纯化各步RPE、RPC得率和纯度比较

Table 2-2 Recovery and purity of RPE and RPC in each purification step.

纯化步骤 purification step	产量 yield/mg		回收率 recovery/%		纯度 purity/（$A_{\lambda max}/A_{280}$）	
	RPE	RPC	RPE	RPC	RPE	RPC
粗提液（crude algal extraction）	222.91	59.95	100	100	0.44	0.08
硫酸铵沉淀（ammonium sulfate extraction）	190.45	46.18	91.59	97.98	1.22	0.20
阴离子交换层析（anion-exchange chromatography）	116.54	17.93	61.19	38.83	5.31	3.53

注：用100g冻藻制备RPE和RPC。

（12）光谱检测结果。多管藻RPC有2个吸收峰，最大吸收峰分别位于546、618 nm，A_{618}/A_{280}、A_{618}/A_{546}分别为3.53、1.72。580 nm激发光激发时室温最大荧光发射峰位于632 nm［图2-11（d）］。RPC的光谱特性与报道一致（Glazer and Hixson，1975；Jiang et al.，2001）。

多管藻RPE为三峰型藻红蛋白，三个最大吸收峰分别位于498、539、565 nm，与文献报道相符（Glazer，1985；Liu et al.，2005；Pan et al.，1986；Yu et al.，1981；Zhang et al. 2002；Bermejo et al.，2002）。A_{565}/A_{280}比值达到5.31，超过了分析纯藻红蛋白的纯度标准4.5（Siegelman and Kycia，1978）。498 nm激发光激发时室温最大荧光发射峰位于575 nm，斯托克位移达80 nm。结果如图2-11（e）所示。

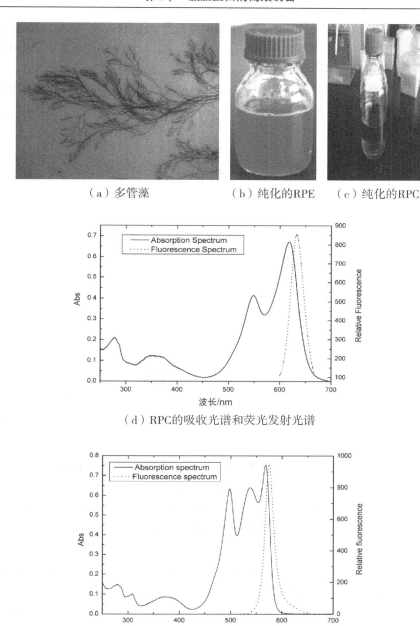

（a）多管藻　　　　（b）纯化的RPE　　（c）纯化的RPC

（d）RPC的吸收光谱和荧光发射光谱

（e）RPE的吸收光谱和荧光发射光谱

图2-11　多管藻RPC和RPE及其吸收光谱和荧光发射光谱

Fig. 2-11　Absorption and fluorescence emission spectra of RPC（A）and RPE（B）
from *Polysiphonia urceolata*

（13）电泳检测结果。Native–PAGE电泳结果表明阴离子交换层析纯化的RPE、RPC均只有一条带，纯度达电泳纯。SDS–PAGE结果表明，RPE有三条带，分子量分别为16.7、18.9、33.5 kDa，分别对应其α、β、γ亚基。RPC有二条带，分子量分别为16.7、18.9 kDa，分别对应其α、β亚基。结果如图2–12所示。

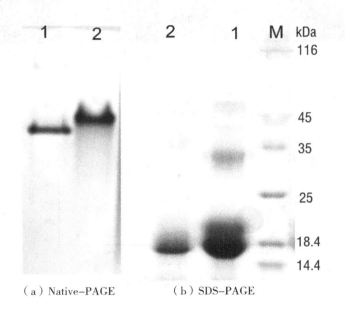

（a）Native–PAGE　　　　　（b）SDS–PAGE

图2–12　多管藻RPE、RPC的Native–PAGE和SDS–PAGE电泳

注：1–RPE；2–RPC.

Fig.2–12　Native–PAGE（a）and SDS–PAGE（b）of RPE（1）and RPC（2）from *Polysiphonia urceolata*.

（14）藻胆蛋白的分子量和聚集态测定结果。RPE、RPC在TSK G3000sw柱上的洗脱时间分别为24.50 min、28.45 min，如图2–13（a）所示。

根据GFC marker建立的分子量曲线计算，RPE、RPC的分子量分别为264.2、104.9 kDa，如图2–13（b）所示。结合SDS–PAGE结果，计算纯化的RPE、RPC的聚集态分别为六聚体（αβ）$_6$γ和三聚体（αβ）$_3$。HPLC进一步证明了纯化的RPE、RPC的纯度。

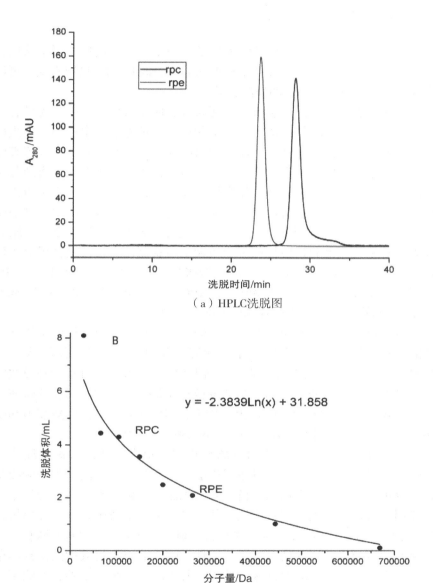

（a）HPLC洗脱图

（b）分子量计算曲线图

图2-13　RPE和RPC的HPLC洗脱图和分子量计算曲线

Fig. 2-13　HPLC profile of RPE and RPC and molecular weights calculating curve

2.6.3　结论

多管藻广泛分布于我国沿海地区的潮间带，至今仍处于野生状态，每年自生自灭。研究结果表明多管藻是提取RPE和RPC的优良原料藻，可以开发利用，使其成为一种新的经济藻类。

溶胀法提取多管藻藻胆蛋白简便易行、成本低廉而且生产规模容易放大，是一种较好的粗提方法。目前由紫菜和钝顶螺旋藻中粗提藻胆蛋白的条件研究较多，而对多管藻中藻胆蛋白的提取条件研究较少。细胞破壁影响提取得率和纯度。藻类细胞壁中含有多糖，给藻胆蛋白的分离纯化增加了困难。通过优化溶胀条件，使多糖少量析出，而藻胆蛋白多量析出，从提取的源头上提高藻胆蛋白得率和纯度，为最终高纯度和高得率制备藻胆蛋白打下基础。研究结果表明，溶剂类型、pH值、溶胀温度、溶胀时间等因素对多管藻藻胆蛋白提取影响较大。多管藻藻胆蛋白最佳提取条件为在pH值为6的PBS，料液比为1：6，溶胀3~5天，得率和纯度最高。RPE的得率和纯度分别为2.87 mg/g和0.32，RPC的得率和纯度分别为0.78 mg/g和0.06，APC的得率和纯度分别为0.27 mg/g和0.03。

硫酸铵沉淀粗提藻胆蛋白效果较好。文献报道分级沉淀时采用的硫酸铵的饱和度分别为30%和50%，我们研究发现20%的硫酸铵能即可部分沉淀出RPE和RPC，因此为避免藻胆蛋白损失和提高总得率，在硫酸铵分级沉淀多管藻藻胆蛋白时初次采用的饱和度应小于20%。同时研究发现硫酸铵饱和度为40%~70%时可将80%以上的RPE和RPC沉淀出来，硫酸铵饱和度为60%时RPE和RPC的得率最高，分别为91.59%、97.98%。

迄今文献报道的藻红蛋白分离纯化方法很多，如硫酸铵沉淀法、羟基磷灰石吸附层析法、凝胶过滤层析法、离子交换层析法、扩张床吸附层析、双水相萃取、疏水作用层析、利诺矾法等。硫酸铵沉淀法分辨率低，一般用于粗提；羟基磷灰石法纯化往往要重复多次或配合分子筛层析，一般用于CPC和APC的纯化，羟基磷灰石吸附层析法对羟基磷灰石颗粒大小和流速有一定要求，羟基磷灰石的再生性不强，而且粗提液中的多糖等杂质容易吸附在柱顶层，堵塞柱床，造成洗脱不均匀，带不平整，影响蛋白的纯化效果；分子筛层析法对样品的要求高，分离时间长，处理量小，不适合批量制备；制备电泳的制备量小，回收步骤复杂。扩张床层析、双水相萃取、疏水层析等能显著提高纯化效率和规模，但纯度较低，需与离子交换层析或分子筛等方法结合才能纯化出高纯度的藻胆蛋白。

我们采用DEAE Sepharose Fast Flow离子交换层析法，一步层析就能获得纯度为5.31、得率为61.19%的RPE，该法在纯度和得率上优于报道的藻红蛋白纯化方法。由于在多管藻中RPC含量较少，纯化更加困难，而且纯化时往往会被RPE污染造成RPC纯度较低。报道的RPC纯化方法多为多步羟基磷灰石层析结合凝胶过滤层析纯化RPC（Glazer and Hixson，1975；Zeng et al.，1992；Zhang et al.，1997）。由于采用pH梯度洗脱能够根据等电点将二者精确分开，本法纯化的RPC的纯度和得率分别为3.53、38.83%。在红藻中同时纯化PE和PC的报道不多，主要原因是因为二者比例悬殊造成RPC不容易得到。Bermejo等（2002）采用DEAE-纤维素阴离子交换层析离子强度洗脱法从紫球藻中同时纯化到BPE和RPC，二者纯度分别为4.0、2.6，得率分别为32%和12%。阴离子交换层析pH梯度洗脱法纯化藻胆蛋白效果优于阴离子交换层析离子强度洗脱法。相比之下，本文建立的藻胆蛋白纯化方法不但能同时高效获得RPE和RPC，而且纯度和得率都高于文献报道的其他方法。如果用于藻胆蛋白的规模化制备，必将显著降低藻胆蛋白的分离纯化成本，使售价大幅度降低，从而为藻胆蛋白的普及应用奠定基础。

2.7　钝顶螺旋藻C-藻蓝蛋白和别藻蓝蛋白的同时高效制备

国际市场上，作为荧光检测试剂的C-藻蓝蛋白（CPC）和别藻蓝蛋白（APC）主要以螺旋藻为原料生产。螺旋藻中蛋白质含量占细胞干重的70%，其中藻胆蛋白含量占藻细胞干重的15%~40%。螺旋藻中的藻胆蛋白为CPC和APC，二者含量比例约为6∶1~10∶1（Yamanaka et al.，1978）。国际上用于大规模生产的螺旋藻为钝顶螺旋藻（*Spirulina platensis*）和极大螺旋藻（*Spirulina maxima*）。我国也已建立螺旋藻产业，主要生产种为钝顶螺旋藻。每年的藻产量约为1000t，占世界总产量的1/3（Niu et al.，2006）。

由于含量高，以螺旋藻为原料的藻蓝蛋白粗制品已大量生产，用作食品和化妆品的天然色素、营养保健品和免疫增强剂。

在制备荧光标记物时，只需要小规模培养，收集新鲜藻直接作为原料，效果比干燥的藻粉更好。

已报道的CPC和APC纯化方法很多，如离子交换层析、羟基磷灰石层析、凝胶过滤层析、扩张床层析（Niu et al.，2007）、双水相萃取（Patil et al.，2006；Patil and Raghavarao，2007）、疏水层析（Soni et al.，2007）、利诺矾法（Minkova et al.，2007；Minkova et al.，2003；Tchernov et al.，

1999）等。不同的纯化方法获得藻胆蛋白的得率、纯度、效率不同。

离子交换层析法具有简便、快速、纯度高的优点，是常用的藻胆蛋白分离纯化方法之一。本文采用离子交换层析pH梯度洗脱能够方便、高效地从钝顶螺旋藻中同时得到高纯度的CPC和APC。该法可用于批量制备高纯度的藻胆蛋白，为荧光标记检测提供保障。

2.7.1　材料和方法

1. 材料

（1）藻种。

钝顶螺旋藻（*Spirulina platensis*）：藻种由中国科学院海洋研究所提供。

（2）钝顶螺旋藻的培养基。

简化的Zarrouk（1966）培养基（g/L）：$NaHCO_3$ 16.80，K_2HPO_4 0.5，$NaNO_3$ 2.5，NaCl 1.00，$MgSO_4$ 0.20，$FeSO_4$ 0.01，K_2SO_4 1.00，$CaCl_2 \cdot H_2O$ 0.04，EDTA 0.08。

蒸馏水：定容至1 L，调pH值范围为8~10（自然pH值）。

（3）主要试剂。DEAE Sepharose Fast Flow、Native-PAGE、SDS-PAGE胶和marker。

凝胶过滤分子量marker：MW-GF-1000。

其他化学试剂与药品均为国产分析纯。

2. 主要器材

离心机：5804R型，Eppendorf公司生产。

紫外-可见光分光光度计：UV/VIS-550型，日本Jasco生产。

荧光光度计：FP-5100，日本Jasco生产。

垂直电泳系统：Mini-PROTEAN 3 cell，Bio-Rad生产。

稳压稳流电泳仪：DYY-Ⅲ型，北京六一仪器厂。

高效液相色谱系统：日本Shimadzu液相色谱工作站，Shimadzu LC-10A高效液相色谱仪，检测器为SPD-M10Avp型，蠕动泵为LC-10AS型，处理软件Class-VP6.12。液相柱型号TSK G3000sw（规格7.5 mm×60 cm），流动相为50mM pH值为7.5 PBS，流速0.5mL/min，检测波长190~800 nm。

阴离子交换层析系统：分离介质DEAE Sepharose Fast Flow，层析柱（1.6 cm×20 mm），由上海华美试验仪器厂生产。蠕动泵：DDB-300电子蠕动泵，上海立信仪器有限公司生产。核酸检测仪：型号HD21C-A，上海康华生化仪器制造有限公司生产。台式记录仪：型号LM17-1A，上海康华生化仪器制造厂生产。自动部分收集器：BSZ-100，上海康华生化仪器制造有限公司生产。梯度混合仪：TH-300，上海沪西分析仪器厂生产。层析实验冷柜：YC-1，北京博医康技术公司生产。

3. 方法步骤

（1）钝顶螺旋藻的培养、收集和细胞破壁。在5 L透明玻璃瓶中加入4 L Zarrouk培养基，藻种接种量1/5~1/10，通气、光照培养，白炽灯照明，光强50 μEm^{-2}s^{-1}，连续通气培养，温度28±2℃。培养10~14天，于对数生长期用800目筛子过滤收集藻体，加适量PBS反复冻融，离心去除沉淀，收集蓝色上清液，用于分离纯化藻胆蛋白。

（2）硫酸铵对得率和纯度的影响。在钝顶螺旋藻粗提液中缓慢加入研磨的固体硫酸铵粉末，至终浓度分别为20%、25%、30%、35%、40%、45%、50%、55%、60%、65%、70%、80%，4℃冰箱放置过夜，离心，取沉淀，适量PBS重溶，测定吸收光谱，计算CPC、APC的浓度、得率、纯度。

（3）阴离子交换层析纯化CPC、APC。采用饱和度25%、60%的硫酸铵分级沉淀钝顶螺旋藻粗提液，离心收集蓝色沉淀，溶解于适量20 mM pH 5.8的NaAc-HAc缓冲液中，置于透析袋中，对同样缓冲液充分透析，经常更换缓冲液，离心，取蓝色上清液，待阴离子交换层析纯化。

用3倍柱体积的20 mM醋酸缓冲液（pH 5.6）平衡DEAE Sepharose Fast Flow离子交换层析柱（1.6 cm×20 cm），上样，用同样缓冲液冲洗未吸附的蛋白质，然后用20 mM醋酸缓冲液（pH 5.8~3.6，含0.05 M NaCl）各120 ml连续梯度洗脱，洗脱速度为60 ml/h，收集深蓝色洗脱液和天蓝色洗脱液，即为CPC和APC。

（4）光谱检测。纯化的藻胆蛋白溶液在分光光度计和荧光光度计上分别检测吸收光谱和荧光光谱。检测吸收光谱的扫描波长为200~700 nm。检测荧光光谱的激发光波长为580 nm。

（5）电泳检测。Native-PAGE的分离胶浓度为7.5%，浓缩胶浓度为5%。SDS-聚丙烯酰胺凝胶电泳（SDS-PAGE）采用垂直板不连续电泳，分离胶浓度为12.5%，浓缩胶浓度为5%。恒压电泳，电压为218V。用0.25%（w/v）考马斯亮蓝R-250染色，脱色后观察结果。

（6）浓度和纯度测定。测定两种藻胆蛋白溶液在280、615及650 nm处的光吸收值，根据Bennett & Bogorad（1973）的公式计算藻胆蛋白浓度和纯度。

（7）藻胆蛋白分子量和聚集态测定。在岛津液相色谱工作站上测定纯化的CPC、APC的分子量，液相柱为TSK G3000sw（7.5 mm×60 cm），洗脱条件为50 mM pH值为7.5 PBS，洗脱速度为0.5 mL/min。结合SDS-PAGE结果，推测其聚集态。

2.7.2　结果与分析

（1）硫酸铵饱和度对得率和纯度的影响。硫酸铵饱和度为20%~55%时，CPC、APC的得率随着硫酸铵饱和度的增加而迅速增加；硫酸铵饱和度大于55%时，CPC、APC的得率维持在一个相对较高的水平，分别为96.5%和96.9%。结果如图2-14所示。

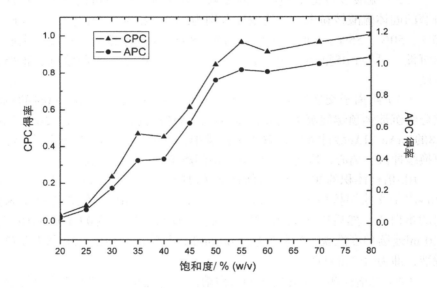

图2-14　硫酸铵饱和度对CPC、APC得率影响

Fig. 2-14　The recovery of phycobiliprotein in different concentrations of ammonium sulfate

硫酸铵饱和度为20%~35%时，CPC、APC的纯度随着硫酸铵饱和度的增加而迅速提高；硫酸铵饱和度为35%~40%时，CPC、APC的纯度最高，分别为1.197和0.498；硫酸铵饱和度大于40%时，CPC、APC的纯度均随着硫酸铵饱和度的增加而降低（图2-15）。

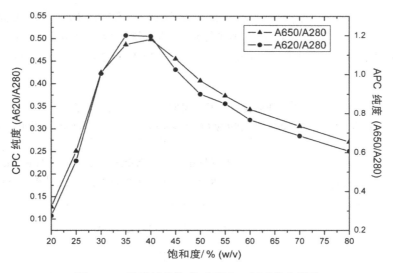

图2-15 硫酸铵饱和度对CPC、APC纯度影响

Fig.2-15 The purity of phycobiliprotein in different concentrations of ammonium sulfate

（2）阴离子交换层析纯化CPC、APC。阴离子交换层析纯化钝顶螺旋藻CPC、APC的洗脱曲线如图2-16所示。洗脱过程中出现两个洗脱峰，组分A为蓝色，对应CPC；组分B为天蓝色，对应APC。将纯度大于4的CPC

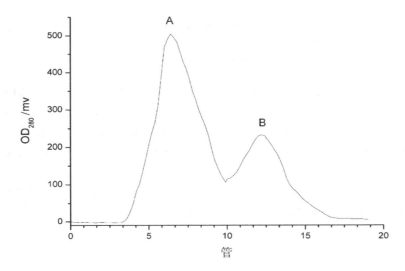

图2-16 CPC和APC的阴离子交换层析图（A为CPC，B为APC）

Fig. 2-16 Anion-exchange chromatogram of CPC and APC（A，CPC；B，APC）

和APC分别混合，测定CPC和APC的纯度分别为5.59和5.19。若以粗提液中的CPC和APC含量各为100%，则阴离子交换层析法纯化的CPC和APC的得率分别为67.04%、80.0%（w/w），相当于111.83和29.28 mg/g（dw）（表2-3）。

表2-3　纯化各步CPC、APC的得率和纯度比较
Table 2-3　The recovery and purity of CPC and APC in each purification step.

纯化步骤 purification step	产量/mg Yield		得率/% w/w Recovery		纯度Purity ($A_{\lambda max}/A_{280}$)	
	C-PC	APC	C-PC	APC	C-PC	APC
粗提液crude extraction	90.10	19.75	100	100	0.97	0.37
25%（NH$_4$）$_2$SO$_4$沉淀	81.52	18.70	90.48	94.68	1.36	0.52
60%（NH$_4$）$_2$SO$_4$沉淀	78.02	18.24	86.59	92.35	2.11	0.82
阴离子交换层析 anion-exchange chromatography	60.40	15.80	67.04	80.00	5.59	5.19

（3）光谱检测。钝顶螺旋藻CPC为单峰型藻蓝蛋白，最大吸收峰位于618 nm，580 nm激发光激发时室温最大荧光发射峰位于640 nm，如图2-17（d）所示。钝顶螺旋藻APC最大吸收峰位于650 nm，620 nm有一个肩峰。580 nm激发光激发时室温最大荧光发射峰位于660 nm，如图2-17（e）所示。

（4）电泳检测。SDS-PAGE电泳均出现两条带，分子量分别为15.7、17.6 kDa，对应α、β亚基。活性电泳只有一条带（图2-18），表明纯化的CPC和APC纯度均达到电泳纯。

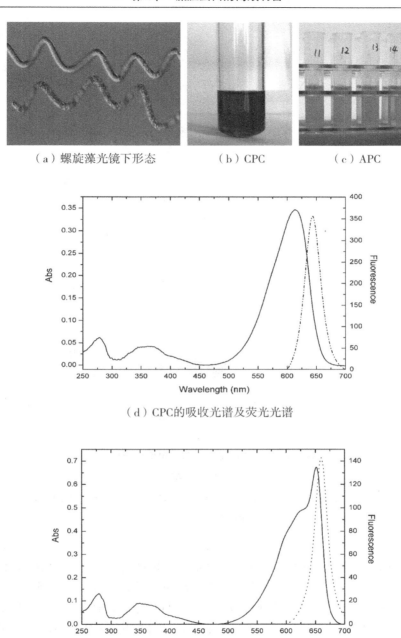

（a）螺旋藻光镜下形态　　　（b）CPC　　　　（c）APC

（d）CPC的吸收光谱及荧光光谱

（e）APC的吸收光谱及荧光光谱

图2-17　钝顶螺旋藻及CPC、APC的吸收光谱和荧光光谱

Fig. 2-17　Absorption and fluorescence spectra of CPC（d）and APC（e）.

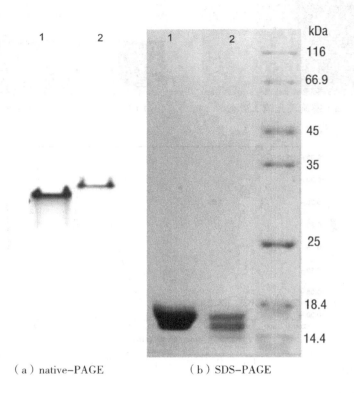

（a）native-PAGE　　　　（b）SDS-PAGE

图2-18　钝顶螺旋藻CPC、APC电泳图；

注1-CPC；2-APC.

Fig. 2-18　Native-PAGE（a）and SDS-PAGE（b）of CPC（1）
and APC（2）.

（5）藻胆蛋白分子量和聚集态测定。钝顶螺旋藻CPC、APC在HPLC上洗脱峰的洗脱时间分别为27.75min、27.78 min，如图2-19（a）所示。根据GFC marker建立的分子量曲线计算，CPC、APC的分子量均为104.3 kDa，如图2-19（b）所示。结合SDS-PAGE结果，计算纯化的CPC、APC的聚集态均为三聚体$(\alpha\beta)_3$。

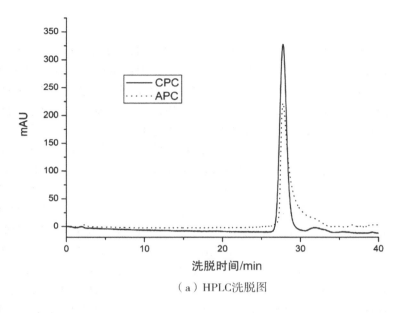

（a）HPLC洗脱图

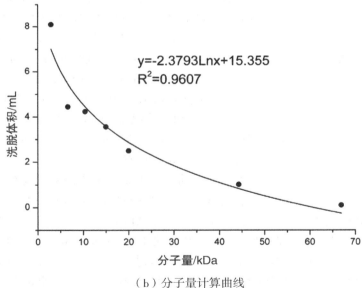

（b）分子量计算曲线

图2-19　CPC和APC的HPLC洗脱图和分子量计算曲线

Fig. 2-19　HPLC profile of CPC and APC（a）and molecular weights
calculating curve（b）

2.7.3　结论

不同的用途对藻胆蛋白的纯度要求不同。食品级的CPC要求纯度指标达到0.7，试剂级达到3.9，分析纯大于4（Rito-Palomares et al.，2001）。不同纯度的藻胆蛋白售价差别很大。国际上试剂级的藻胆蛋白售价为50~100$/mg（Market corporation，2005）。昂贵的售价限制了藻胆蛋白的普及应用。藻胆蛋白的生产成本50%~90%是由分离纯化造成的。

报道的CPC的纯化方法很多，但只有少数方法能够获得高纯度的CPC（Boussiba and Richmond，1979；Zhang and Chen，1999；Patil et al.，2006；Soni et al.，2008），这些纯化方法多数需要经过多步繁琐的操作，在牺牲得率、效率的基础上才获得了高纯度的藻胆蛋白。近年来涌现了一批高效纯化CPC的方法，如疏水作用层析（Santiago-Santos et al.，2004；Soni et al.，2008）、一步阴离子交换层析（Patel et al.，2005）、双水相萃取（Rito-Palomares et al.，2001；Patil and Raghavarao，2007）、扩张床吸附层析（Bermejo et al.，2006；Niu et al.，2007）和利诺矾法（Minkova et al.，2003；2007）等，这些方法虽然纯化效率有所提高，但纯度都不高。本文建立的阴离子交换层析pH值梯度洗脱法是一种高效的藻胆蛋白纯化方法，只需要一步层析即可获得高纯度、高得率的CPC和APC。从藻胆蛋白的纯度看，本法纯化的CPC的纯度达5.59，超过文献报道的数值（Boussiba and Richmond，1979；Patel et al.，2005；Bermejo et al.，2006；Minkova et al.，2007；Niu et al.，2007；Patil and Raghavarao，2007；Soni et al.，2008）。高得率是本纯化方法的第二个特点，CPC的得率高达111.83 mg/g（dw），是报道的最高得率的25倍（Patel et al.，2005；Bermejo et al.，2006；Minkova et al.，2007；Niu et al.，2007；Soni et al.，2007）。

APC的含量比CPC低，纯化更困难。一般采用多步羟基磷灰石的方法纯化。已知的报道过的能够同时获得高纯度的CPC和APC的方法不多。本法能够同时获得高得率、高纯度的APC、CPC，APC的得率和纯度分别为80%、5.19，优于已经报道的CPC、APC纯化方法（Zhang and Chen，1999）。

该法能够同时从钝顶螺旋藻中获得高得率、电泳纯的CPC和APC，能显著提高生产效率和降低生产成本，值得在藻胆蛋白的工业化生产中推广应用。

2.8 基因工程重组藻胆蛋白的制备

藻胆蛋白是研究光合作用及光能传递机理的理想材料，同时天然藻胆蛋白又具有广泛的生物活性，如抗肿瘤、抗氧化、消炎、治疗糖尿病等作用，因此具有极大的开发和应用潜力，既可以作为天然色素广泛应用于食品、化妆品、染料等工业，又可制成荧光试剂，用于临床医学诊断和免疫化学及生物工程等研究领域，还可制成食品和药品用于医疗保健方面。藻胆蛋白还是一种最具开发潜力的光敏剂，用于肿瘤的光动力治疗。

藻胆蛋白是藻类中的特有成分，因此天然藻胆蛋白只能从藻体中提取。而藻类细胞中含有大量的多糖、叶绿素、类胡萝卜素等成分，严重干扰藻胆蛋白的提取，导致藻胆蛋白的分离纯化步骤烦琐，得率低，获取周期长，分离纯化困难，制备成本高，限制了其进一步推广应用和商业化。

基因工程技术自20世纪70年代诞生以来，发展迅猛，日臻成熟。利用基因工程技术重组表达藻胆蛋白已经不存在技术问题，而且基因重组表达过程简单、提取纯化方便、制备成本低，成为现阶段热门的制备方法。这为重组表达藻胆蛋白奠定了基础，使藻胆蛋白的大量制备成为可能。

随着蓝藻中集胞藻 PCC6803 的基因组全序列测定的完成，藻胆蛋白分子生物学的研究日渐深入。目前已经从三种蓝藻以及真核藻Cyanophora paradoxa的光合结构 Cyanelle 中分离出藻胆蛋白基因，并对基因序列、数量进行了深入的研究。

极大螺旋藻藻蓝蛋白基因全长为1119bp，与钝顶螺旋藻藻蓝蛋白基因的同源性为99%。β亚基基因序列位于α亚基基因序列上游，两者之间通过111 bp的基因片段连接，β亚基和α亚基的基因序列全长分别为519bp和489bp，分别编码172和162个氨基酸残基，其密码子显示出非对称性。在β亚基基因序列上游8~11 bp处存在可能的核糖体结合位点g-a-g-a，该结合位点和原核生物核糖体通常所用的结合位点g-g-a-a相似。在极大螺旋藻藻蓝蛋白内也存在三个生色团结合位点，即α亚基氨基酸cys84和β亚基氨基酸Cys82和Cys153。第三个生色团结合位点Cys153位于β亚基的羧基端，已经证明这个结合位点是由于该亚基的12个氨基酸残基（146~157）被引进了古老的藻蓝蛋白基因中而产生的。藻蓝蛋白包含许多疏水性氨基酸残基，这些疏水性氨基酸残基在藻蓝蛋白的聚集过程中起着极为重要的作用。

蓝藻藻胆蛋白基因以多基因簇形式存在于染色体基因组的单拷贝区。

常见藻胆体组分基因的组织和转录模式见图2-20。所有藻类的APC和PC的
α、β亚基（简称α^{AP}、β^{AP}、α^{PC}、β^{PC}）的基因都以双顺反子转录来保证细
胞中这两种亚基水平接近1：1，在 Cparadoxa Cyanelle 基因组中，APC基因
位于 PC 基因的上游 30Kbp 处，并与 PC 基因成反向转录，α^{AP}总位于β^{AP}
上游，α^{PC}总位于β^{PC}下游。通过对藻胆蛋白基因核苷酸序列的比较发现，
藻胆蛋白的基因具有高度保守性。Synechococcus6301 β^{PC}的核苷酸序列与
Synechococcus7002之间具有70.4%的同源性，Synechococcus6301 与 Cyanelle
α^{AP}之间核苷酸顺序具有69%的同源性，而β^{AP}之间的同源性达72%。α
与β亚基之间的同源性较低，Synechococcus7002 的α^{AP}与β^{AP}间为46%，
Synechococcus6301 的α^{AP}与β^{AP}间的同源性为30%。这些结果表明，藻胆蛋
白很可能来自同一祖先基因，先分化出α与β亚基基因，再各自进化，形成
今天这样纷繁多样的藻胆蛋白。

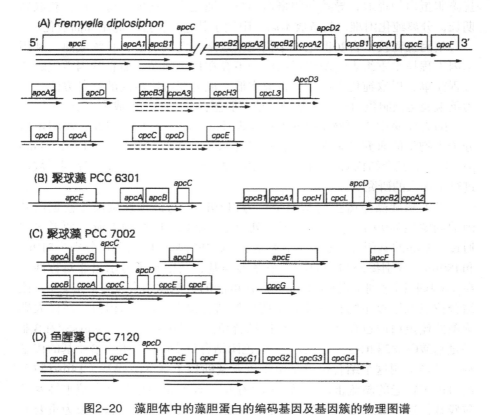

图2-20 藻胆体中的藻胆蛋白的编码基因及基因簇的物理图谱

Fig 2-20 The physical map of the encoded gene and the gene cluster of
phycobiliproteins in phycobilisomes

　　Bryant等（1985）将聚球藻*Synechococcus sp.*PCC7002的藻蓝蛋白基因α^{PC}与β^{PC}和光合原生动物Cyanophora paradoxa的别藻蓝蛋白基因α^{AP}与β^{AP}在大肠杆菌中成功表达，开创藻胆蛋白基因工程表达的先河。而后利用大肠杆菌、酵母等成熟的表达系统，大规模生产重组藻胆蛋白的研究主要朝两个方向发展：大规模生产重组脱辅基藻胆蛋白，以解决藻胆蛋白药用时存在的药源与质控问题，开发新药；生产具有光学活性的藻胆蛋白。

　　从Catharina等克隆表达了血红素氧化酶基因 HO1，发现该蛋白可溶，且在存在电子供体的情况下与等量的自由血红素（Heme）连接可将其氧化为胆绿素（Ⅳ）。Nicole等发现胆绿素还原酶 PcyA（ferredoxin oxidoreductase）是藻蓝胆素的生物合成过程中必须的催化剂，将其克隆表达纯化后与胆绿素在铁氧化还原蛋白还原系统（包括 FNR 和NADPH）存在的情况下反应生成藻蓝胆素（PCB）。Landgraf 等将HO1和PcyA与Cph1共同表达，实现了Cph1与PCB的体内重组。Tooley等构建了cpcA、cpcE和cpcF的重组质粒，同时构建了HO1与pcyA的重组质粒，两质粒共转化至大肠杆菌，获得了正确的α-CPC，藻胆蛋白在大肠杆菌中的重组得以实现（图2-21）。

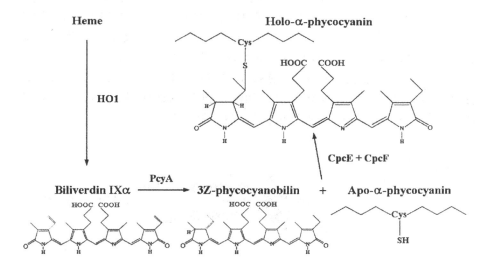

图2-21　Holo-α-phycocyanin的生物合成途径（Tooley et al.，2001）

Fig. 2-21　Minimal biosynthetic pathway for the production of phycocyanobilin from heme and its addition to the C-phycocyanin apo-α subunit.

  别藻蓝蛋白在大肠杆菌体内的合成过程如图2-22和图2-23所示，主要分为三个阶段：色基的表达合成与脱辅基蛋白的表达阶段、完整亚基蛋白（即结合色基的脱辅基蛋白）的催化结合阶段、别藻蓝蛋白 APC 三聚体$(\alpha\beta)_3$的组装阶段。即在大肠杆菌体内，大肠杆菌体内的亚铁血红素（Heme）在外来导入表达基因血红素氧化酶基因表达的血红素氧化酶（HO1）的作用下被氧化，生成胆绿素（Ⅳ），胆绿素在外来导入表达基因胆绿素还原酶基因表达的胆绿素还原酶（PcyA）的作用下被还原成藻蓝胆素（PCB）；同时别藻蓝蛋白两脱辅基蛋白基因在大肠杆菌体内被诱导表达得到脱辅基蛋白（apcA，apcB），第一阶段—色基与脱辅基蛋白的合成表达过程即完成。合成的色基（藻蓝胆素）在外来导入的裂合酶表达基因表达的裂合酶 cpcS/U 的催化作用下，与表达的脱辅基蛋白 apcA，apcB）以1∶1的比例结合，形成两种不同的亚基蛋白（APCA，APCB），该过程即为第二阶段—亚基的催化合成阶段。之后两种亚基蛋白以一定形式聚合形成别藻蓝蛋白（APC）三聚体（即$(\alpha\beta)_3$），该过程即为别藻蓝蛋白APC三聚体$(\alpha\beta)_3$的组装阶段。

  用甲醇回流的方法可以从藻胆蛋白分子中分离得到色基，用这种方法所得到的色基往往在其与脱辅基蛋白半肤氨酸残基相连的C-3'位处形成乙叉基取代物。用基因工程方法在大肠杆菌或酵母中表达出藻胆蛋白脱辅基蛋白，并且将其分离纯化，然后再与色基C-3'位的乙叉基取代物混合温育，可以得到脱辅基蛋白和色基的非酶加合物（Glazer，1994）。

  天然的C-藻蓝蛋白在α84、β82和β153位上均共价结合藻蓝胆素。在体外C-藻蓝蛋白的脱辅基蛋白可以和藻蓝胆素α84形成非酶加合物，藻蓝胆素参与形成的非酶加合物色基的形式为中胆绿素。

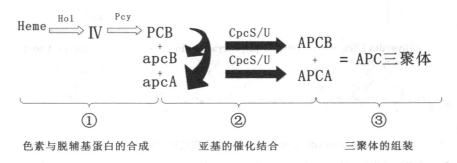

图2-22 别藻蓝蛋白基因（apc）在大肠杆菌中表达的策略

Fig 2-22 The expression strategy of genes of allophycocyanin

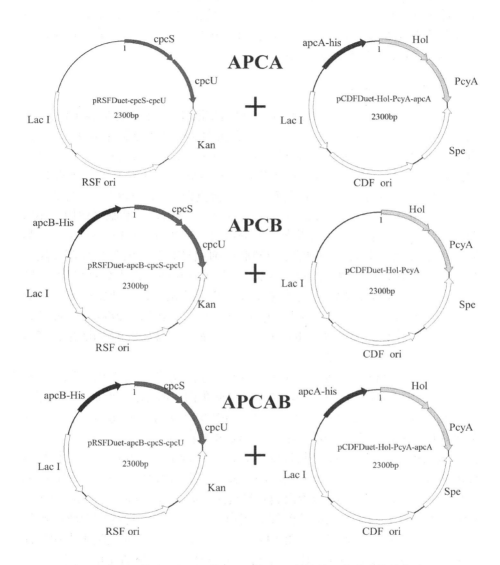

图2-23　别藻蓝蛋白α亚基、β亚基、αβ单体基因合成质粒的构建

Fig2-23　construction of gene recombination plamid of α subunit，βsubunit and αβ monomer of allophycocyanin

天然藻红蛋白的α亚基在α82和α139位分别结合藻红胆素。在体外非酶促反应中，藻红胆素在α82位主要形成15,16-二氢胆绿素加合物，在α139位则形成尿胆素加合物。在天然藻红蓝蛋白α亚基59位上有一处于自由态的半肤氨酸残基，当用脱辅基蛋白与藻红胆素进行体外非酶促反应形成加合物（Fairchild &Glazer，1994）。

1. 重组脱辅基藻胆蛋白

秦松（1996）将 apc 基因用限制性内切酶 EcoR I 从质粒 pCRBapc 中切下，接到 pMAL-p2X 载体麦芽糖结合蛋白（MBP）基因下游 EcoR I 位点中，并转化大肠杆菌 TB1，筛选到一个apc方向正确，读码框也正确地表达质粒 pMAL-apc，同时获得可生产 MBP-APC 的基因工程菌菌株 P1，并将基因工程菌菌株 P1 生产的重组别藻蓝蛋白 MBP-APC 命名为镭普克（reeombinant allophycocyanin，rApC）。雷普克无明显的细胞毒作用，小鼠急性毒性试验显示雷普克为微毒或低毒物质，半数致死量LD_{50}>1.5g/kg，静脉注射雷普克对小鼠S180肉瘤、H22肝癌细胞具有明显的生长抑制作用，呈现量效关系；且雷普克能提高T淋巴细胞免疫功能，促进T细胞增殖。随后又建立了20L规模的雷普克菌株发酵工艺及纯化工艺，使雷普克生产规模达到克级水平，纯度98%以上（Qi et al.，1993；1998；2004；Ge et al.，2006）。镭普克比天然藻胆蛋白的化学成分简单，氨基酸序列清楚，高级结构稳定，抑瘤效果更显著。

于平等（2004）克隆了极大螺旋藻藻蓝蛋白基因，并在巴斯德毕赤酵母（Pichia pastoris）X-33中表达了重组藻蓝蛋白。Ren等（2005）将别藻蓝蛋白基因在毕赤酵母中进行重组表达，并研究了镧元素对重组蛋白表达的促进作用。Sui et. al.（2002）克隆了红藻龙须菜（Gracilaria lemaneiformis）藻红蛋白β亚基基因，在大肠杆菌中表达，进行了光谱性质和分子特征方面的研究。色基连接到脱辅基蛋白的过程是一系列酶促反应过程（Fairchild & GIazel.，2001）。藻红蓝蛋白裂合异构酶（phycoerythrocyanin lyase）E、F具有催化藻紫胆素与脱辅基藻红蓝蛋白相连的功能，把这两个酶的编码基因（cpeE、cpeF）和藻红蓝蛋白亚基基因（cpeA）分别克隆于表达载体pET30中，表达出N端有6×His亲和标签的三种蛋白，分别纯化后同另一种色基藻蓝胆素及必要的辅助因子混合后，重组出携带藻蓝胆素的藻红蓝蛋白α亚基（His.tag-α-PEC），重组蛋白具有天然藻红蓝蛋白α亚基的可逆光致变色性。采用类似方法实现了C-藻蓝蛋白β亚基脱辅基蛋白的重组表达，并能在体外与藻蓝胆素结合发光（Zhao et al.，2006）。

2. 重组光学活性藻胆蛋白

　　只有连接色基的藻胆蛋白才具有光学活性，因此用于肿瘤光动力学治疗和诊断以及免疫学等医学研究的藻胆蛋白必须结合有色基。重组的脱辅基藻胆蛋白要在酶催化作用下与提取的色基在体外连接后才具有光学活性。如果将合成色基的基因与脱辅基蛋白基因同时转入工程菌中，可以直接在细菌体内表达能够发光的藻胆蛋白。

　　亚基与色基的结合过程，即藻体利用自身合成的裂合酶催化，使各亚基分子（α和β亚基）分别以 1 : 1 的比例与藻胆素共价结合的过程。催化合成过程中，裂合酶的催化作用尤为重要，由于 PCB 是以不同的立体构象结合至 β-Cys84 和 β-Cys153，因此，在不同种类藻体及不同藻胆蛋白中，裂合酶的种类各异。在别藻蓝蛋白中，催化色基与亚基结合的裂合酶主要是 CpcS/U 两种，二者可共同作用催化藻胆蛋白的合成，CpcS 也可单独进行催化作用，并且 CpcS 能催化 PCB 结合到除 PC-α 和 LCM 外所有藻胆蛋白的 84-Cys 上。CpcU 为 CpcS 的同源异构蛋白，CpcS 另外还存在一种同源异构体为 CpcV，它们均参与藻胆蛋白的合成，由于其存在于含结合藻蓝胆素 PCB 的藻胆蛋白的生物体中，因此命名为 CpcS/ U/V。另还有一种参与藻胆蛋白合成的蛋白 CpcT，能催化色基特异性的结合到 PCβ-Cys153 上，它也存在一种同源蛋白 CpeT，能催化色基与 PC 和 PEC-β 亚基 Cys153 的结合，此外还有一些功能特性未确定的蛋白酶，如 CpcST/R 等。除上述催化蛋白酶外，另还有一种主要的催化色基与亚基结合的裂合酶 CpcE/F，与 CpcS/U 类裂合酶的广泛选择性不同，该组裂合酶具有高度特异性，主要功能是将 PCB 结合至脱辅基蛋白，同时也能使 PCB 从脱辅基蛋白上解离。且具有四个同源蛋白 CpeY/Z 和 PecE/F，CpeY/ Z 存在于含有 PE 的藻类中，其生化特征尚未清楚，推测作用可能是将色基结合到 PE 中；而 PecE/ F 是 CpcE/ F 的一个变种，能将 PCB 连接至 PEC（藻红蓝蛋白）的 α-Cys-84 上，并将 PCB 异构成有光学活性的 PVB。

　　Shen 等（2004）从 Synechococcus PCC7002 的基因组中辨别出一组裂合酶编码基因 cpcS、cpcT、cpcU 和 cpcV，认为这些基因所编码的蛋白质能够催化藻蓝色素和藻蓝蛋白 β 亚基的结合。迄今为止，已知的藻胆色素与脱辅基藻胆蛋白的连接一般由相应的裂合酶催化。在蓝藻 Synechococcus sp. PCC 7002 中，CpcE/CpcF 可催化 CpcA 中 Cys-84 与 PCB 的连接，但不能催化藻蓝蛋白中其他位点（如 Cys-β84 和 Cys-β155）与色素的连接。在其他藻胆蛋白的操纵子中，也找到一些与 CpcE、CpcF 同源性较高的裂合酶，能够特异地催化 Cys-α84 与色素的偶联。通过同源性搜索找到的色素裂合酶基因不足以编码催化每个色素结合位点的裂合酶。例如，在 PE 的 5 个色素结合位点中，除 Cys-α84 与色素的结合可能由 CpeY/CpeZ 催化外，催化其余 4 个色素结合位点的酶还未找到。

目前，α-CPC 的生物合成研究的较清楚。β-CPC 中有 2 个色素结合位点（Cys-84 和 Cys-155）与 PCB 的连接反应，Cys-84 与 PCB 的连接为自催化反应，Cys-155 无法与 PCB 自发连接。对于 PEC，目前仅报道 PecE/PecF 可催化 Cys-α84 与色素的偶联，β亚基的2 个色素结合位点（Cys-84 和 Cys-155）中的Cys-155 与 PCB 的连接为自催化反应。Kahn 等发现 CpeY 和 CpeZ 可催化藻红色素与藻红蛋白α-亚基（PEsI）上的一个位点连接，MpeU 和 MpeV 可催化藻红色素与藻红蛋白α-亚基（PEsII）上的一个位点连接（PEsI结合5个藻红胆素，PEsII 6 个）。别藻蓝蛋白 APC 操纵子中 apcE 编码的 ApcE 除具有连接多肽的功能外，其 Cys-186 是色素结合位点，具有与 PCB 共价偶联的能力，以自身催化色素的连接。对于α-APC 和 β-APC，其上各有一个色素结合位点（Cys-82）。这两个亚基位于藻胆体的核心，在其能量传递过程中有着至关重要的作用。

Beale等（1991）从单细胞红藻 *Cyanidium caldarium* 中获得无细胞提取物，在体外合成了色基前体，为体外合成具有光学活性的藻胆蛋白提供了新途径。Cornejo（1998）克隆了藻胆素合成基因，并在大肠杆菌中进行了该基因表达，加入底物中性血红素（mesoheme）生成了藻胆素前体物质中性胆绿素IXα（mesobiliverdin Ixα）。Cai等（2001）在鱼腥藻 *Anabaena sp.* PCC7120中表达带标签的重组C-藻蓝蛋白亚基，重组藻蓝蛋白亚基在藻体中表达后，与藻体自身相应亚基聚合成具有天然藻蓝蛋白荧光特性的重组寡聚藻蓝蛋白（*recombinant oligomeric phycocyanin*）。

Tooley等（2001）在大肠杆菌中发现一条能重组合成具有荧光特性藻蓝蛋白的完整代谢途径。他们从集胞藻 *Synechocystis sp.* PCC6803中克隆该代谢途径四个关键酶基因和C-藻蓝蛋白α亚基基因（cpcA），构建了两个表达质粒，其中血红素加氧酶1基因（hoxl）和藻蓝素铁氧还蛋白还原酶基因（pcyA）置于一个表达载体中，它们表达的两个酶催化大肠杆菌体内的血红素转化为藻蓝胆素；藻蓝蛋白裂合异构酶E和F编码基因（cpcE、cpcF）则和cpcA在另一个表达载体中串联表达，构建好的两个表达载体共转化大肠杆菌，诱导表达后重组菌能利用自身含有的血红素合成藻蓝胆素，表达出结合有色基的C-藻蓝蛋白α亚基。运用类似方法，结合有色基的藻红蓝蛋白α亚基也在大肠杆菌中成功表达（Tooley& Glazer，2002）。

在此基础上，Guan等（2007）对重组表达体系进行了改进，仅用一个pCDFDuet-1载体重组表达上述5个基因（图2-24），获得了携带色基的

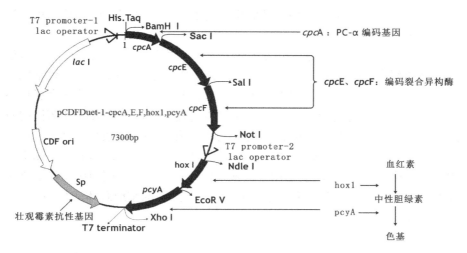

图2-24 光学活性重组C-藻蓝蛋白α亚基表达载体示意图

Fig 2-24 Schematic diagram of optically active recombinant C- phycocyanin alpha subunit expression vector

C-藻蓝蛋白α亚基，这种利用单载体表达的光学活性重组C-藻蓝蛋白减少了两个载体同时表达时易出现相互干扰的现象，大大简化了操作步骤，提高了重组蛋白的表达效率。利用一个大肠杆菌载体克隆了集胞藻PCC6803（Synechocystis sp. PCC6803，S6）的cpcA（S6）、cpcE、cpcF、ho1及pcyA五个基因，构建了载体pCDF-cpcA（S6）-cpcE-cpcF，ho1-pcyA（V1），获得了具有光学活性的集胞藻PCC6803藻蓝蛋白α亚基holo-α-PC（S6），实现了多基因的组合生物合成，提供了一种方便高效表达光学活性藻胆蛋白的新策略。采用同样策略，从钝顶螺旋藻C-藻蓝蛋白基因组DNA中克隆基因cpcA（Sp），构建了载体pCDF-cpcA（Sp）-cpcE-cpcF，ho1-pcyA（V2），组合生物合成了具有光学活性和生物学活性的螺旋藻C-藻蓝蛋白α亚基（rHHPC），制备的rHHPC具有清除羟自由基和过氧化氢自由基的作用，使其成为具有开发潜力的抗氧化剂。并对重组菌的发酵条件优化，使菌体密度OD_{600}值达到27。同样方法合成了具有光学活性钝顶螺旋藻 C-藻蓝蛋白β亚基。从螺旋藻基因组DNA中克隆C-藻蓝蛋白β亚基并对其结合色基的82位和153位半胱氨酸进行突变，构建了重组质粒pCDF-cpcB（C153A）-slr2049，ho1-pcyA（V3）和pCDF-cpcB（C82I）-slr2049，ho1-pcyA（V5）和pCDF-cpcB（C82I）-slr1649，ho1-pcyA（V4）和 pCDF-cpcB（C153I）-slr1649，ho1-pcyA（V6），转化了V3和V4质粒的大肠杆菌，经诱导表达后分别产生了具有光学活性 cpcB（C153A）-PCB 和 cpcB（C82I）-PCB，同时证实Slr2049和Slr1649分别是催化藻蓝蛋白β亚基82位和153位与色基连接的特异性色基裂合酶。

在原有体内重组表达发光藻蓝蛋白α亚基的基础上，用亚克隆的方法将别藻蓝蛋白α亚基编码基因（opcA）替换C-藻蓝蛋白α亚基编码基因，插入表达载体pCDFDuet-1的T7启动子下游，并与原有载体中编码合成色基并催化色基与脱辅基蛋白连接的酶基因共同表达，试图在大肠杆菌体内直接大量获得携带色基、能够正常发光的重组发光别藻蓝蛋白α亚基。过程为：将C-藻蓝蛋白α亚基重组载体pCDFDuet-1-cPcA-cPcE-cPcF-hoxl上的cPcA基因用BamHI和Sacl双酶切下，连入由钝顶螺旋藻基因组中获得的别藻蓝蛋白α亚基基因aPcA，置换切下的片段，得到新的重组载体pCDFDuet-1-aPcA-cPcE-cPcF-hoxz。

第3章 藻胆蛋白的活性构象研究

藻胆蛋白具有许多独特的性质，比如：摩尔消光系数大，荧光量子产率高；吸收光谱区域宽，发射光谱窄，斯托克位移大；等电点在pH值范围为 3.7~5.3；分子表面活性功能基团多；稳定性好；荧光不易淬灭；水溶性强；无毒性等。

藻胆蛋白的独特性质决定了其独特的功能和应用。如作为捕光复合物、色素、荧光染料、示踪剂、光敏治疗剂、药物等应用。

藻胆蛋白的独特性质和功能的物质基础是其特定的色基组成及其独特的空间构象决定的。每种藻胆蛋白所含的色基种类及数量不同，导致每种藻胆蛋白具有独特的光谱特性。藻胆蛋白的空间构象对其稳定性、光谱特性也有影响。

2009年我们项目组最早提出藻胆蛋白的活性构象的概念（Liu et al., 2009）。藻胆蛋白的活性构象包括藻胆蛋白的活性和构象两个方面。活性方面包含光谱特性、等电点、稳定性、水溶性、毒性等生物学活性和理化特性。构象包括一级结构、二级结构、三级及四级结构等。

3.1 藻胆蛋白活性构象的研究方法

藻胆蛋白溶液的活性构象的变化可以借助紫外吸收光谱、荧光光谱、圆二色光谱、核磁共振、氢氘置换等研究方法来表征。其中吸收光谱、荧光光谱、圆二色光谱已用于蛋白构象的分析中，为蛋白构象和功能的研究提供了依据。光谱分析仪器有紫外−可见光分光光度计、荧光光度计、圆二色光谱仪等。

（1）紫外吸收光谱法分析藻胆蛋白的构象。紫外吸收光谱法（Ultraviolet Absorption Spectroscopy，UV）是研究物质在远紫外区（10~200nm）和近紫外区（20~400nm）的分子吸收光谱。通常分子是处在基态振动能级上，当用紫外−可见光照射分子时，电子可以从基态跃迁到激发态的任一振动能级上，因此电子能级跃迁产生吸收光谱，包括大量的谱线，并由于这些谱线的重叠而成为连续的吸收带，可根据紫外吸收带的波长来判断化合物分子中可能存在的吸收基团。凡是导致化合物在紫外区及可见区产生吸收的基团，不论是否显出颜色都称为发色团，最大吸收波长向长波长方向移动称为红移，向短波长方向移动称为蓝移。紫外光谱可判断有机化合物中的发色团的种类、位置、数目，测定分子共轭程度，从而确定蛋白的结构。每种物质都有特定的最大吸收波长λmax、吸收光谱曲线，作为物质的固有属性，可用于区分不同的物质。

（2）荧光光谱法分析藻胆蛋白的构象。当光量子打到分子上时，电子从基态跃迁到能量较高的单线电子激发态。跃迁后，能量较大的激发态分子，通过内转换过程把部分能量转移给周围分子（如溶剂分子），自己回到最低电子激发态的最低振动能级，此时分子再通过发射出相应的光量子来释放能量，回到基态的各个不同振动能级时，就发射出荧光。

荧光光谱具备以下三个特征：激发光谱的形状和吸收光谱极为相似；发射光谱的形态和激发光的波长无关；发射光谱的形状和吸收光谱极为相似，且基本上呈镜象对称关系。荧光分析能提供较多的物理参数，这些参数不但可作一般定量的测定，还可以推断分子在各种环境中的构象变化，从而了解分子的结构与功能的关系。通常荧光分析的参数有荧光激发光谱、荧光发射光谱、斯托克位移、荧光强度、荧光量子产率、荧光偏振值、荧光寿命等，其中以荧光强度利用最广。

（3）圆二色光谱分析藻胆蛋白的构象。圆二色光谱是研究稀溶液中蛋白质构象的一种快速、简单、较准确的方法。光学活性物质对左、右旋圆偏振光的吸收率不同，其光吸收的差值ΔA称为该物质的圆二色性（Cicrular Dichrnism，CD）。蛋白质是由氨基酸通过肽键连接而成的具有特定结构的生物大分子。蛋白质一般有一级结构、二级结构、结构域、三级结构和四级结构几个结构层次。在蛋白质或多肽中主要的光活性基团是肽链骨架中的肽键、芳香氨基酸残基及二硫键。当平面圆偏振光通过这些光活性的生色基团时，光活性中心对平面圆偏振光中的左、右圆偏振光的吸收不同，产生吸收差值，由于这种吸收差的存在，造成了偏振光矢量的振幅差，圆偏振光变成了椭圆偏振光，这就是蛋白质的圆二色性。所形成的椭圆的椭圆率$\theta=tg^{-1}$（短轴/长轴），根据Lmabert-Beer定律可证明椭圆率近似地为$\theta=0.576lc(\varepsilon l-\varepsilon d)=0.576lc\Delta\varepsilon$。式中l为介质厚度，c为光活性物质的浓度，$\varepsilon l$、$\varepsilon d$分别为物质对左旋及右旋圆偏振光的吸收系数。测量不同波长下的θ（或$\Delta\varepsilon$）值与波长λ之间的关系曲线，即圆二色光谱曲线。

蛋白质的CD光谱一般分为两个波长范围，即178~250nm为远紫外区

CD光谱，250~320nm为近紫外区CD光谱。远紫外区CD光谱反映肽键的圆二色性。螺旋结构在靠近192nm处有一个正的谱带，在222和208nm处表现出两个负的特征肩峰谱带；β折叠的CD谱在216nm处有一个负谱带，在185~200nm处有一个正谱带；β转角在206nm处附近有一个正CD谱带，而左手螺旋结构在相应的位置有负的CD谱带。因此根据所测得的蛋白质或多肽的远紫外CD谱能反映出蛋白质或多肽链二级结构的信息。

蛋白质的浓度决定CD光谱法分析二级结构的准确性。CD光谱的测量一般在蛋白质含量相对低（0.01~0.2g/L）的稀溶液中进行，溶液最大的光吸收值不能超过2。

藻胆蛋白的稳定性分析可以从pH值、温度、光、离子强度等因素对藻胆蛋白的稳定性影响来分析。

藻胆蛋白的一级结构包括氨基酸、色基组成的种类、数量和顺序，可以通过氨基酸测序仪进行氨基酸测序来确定，或通过分析其基因序列来推导。藻胆蛋白的二级结构可以通过圆二色光谱仪来分析测定，分析其α螺旋、β折叠和转角等情况。藻胆蛋白的高级结构要通过X晶体衍射、核磁共振、电镜等手段来分析测定。

藻胆蛋白的结构变化必然导致活性改变，从而体现在藻胆蛋白独特的光谱性质的变化。因此，通过研究藻胆蛋白的吸收光谱、荧光光谱、圆二色光谱的特性变化，能够推定藻胆蛋白是否发生了构象变化。

藻胆蛋白在作为试剂和药物使用时，必须清楚其稳定性、光谱特性和各种固有参数。不同种类和来源不同的藻胆蛋白的性质和稳定性是否存在差异，尚未有系统研究。我们以纯化的钝顶螺旋藻CPC和APC、多管藻RPE和RPC为材料，测定了它们的摩尔消光系数、Tm值等固有参数，系统研究了pH值、离子强度、温度、光照以及化学交联剂等因素对其活性构象的影响，为藻胆蛋白的应用打下了基础。

3.2　藻胆蛋白的摩尔消光系数和溶解温度的测定

以纯化的钝顶螺旋藻CPC和APC、多管藻RPE和RPC为材料，测定了它们的摩尔消光系数和Tm值，为了解每种藻胆蛋白的固有性质及进一步应用奠定了基础。

RPE、RPC由多管藻中提取，APC、CPC由钝顶螺旋藻中提取，纯度达电泳纯，硫酸铵沉淀4℃避光保存，试验时透析除盐，调整到适宜浓度。

主要试剂包括福林试剂：①甲溶液：取2 mL 4%碳酸钠与等量的

0.2 M 氢氧化钠溶液混合，取40 μL 1%硫酸铜与40 μL 2%酒石酸钾钠混合，然后将二者混合即为福林甲溶液。福林甲溶液配好后应在12 h内用完。②乙溶液：购自试剂公司。

主要器材包括①分光光度计：型号UV/VIS-550，日本Jasco公司生产；②荧光光度计：型号FP-5100，日本Jasco公司生产；③CD光谱仪：型号J-810，日本Jasco公司生产。

3.2.1　圆二色（CD）光谱检测

CD光谱检测在Jasco J-810上进行，光谱仪配备Peltier型温控系统。参数设置：检测波长far-UV CD从190-260 nm，near-UV CD从240-340 nm；检测步长为2 nm，狭缝宽度为4 nm，扫描速度为200 nm/min，每个样品扫描3次取平均值，用不含蛋白的相同溶液作背景扣除。

3.2.2　变性曲线的测定

通过CD光谱来测定蛋白的变性曲线。一般变构分为三个阶段：①变构前的稳定阶段，测定蛋白活性构象时的CD_{222}峰值$[\theta]F$；②变构过程中，该阶段显示蛋白随结构变化荧光光谱的峰值发生的变化$[\theta]$；③完全变构后的稳定阶段，测定蛋白完全变构后的荧光峰值$[\theta]U$。

蛋白溶液用孔径为0.45μm的微孔滤膜过滤。首先测定缓冲液的CD光谱作为对照，然后测定不同温度下一定浓度蛋白溶液的CD光谱：测定变构前的CD_{222}峰值$[\theta]F$、变构过程中的CD_{222}峰值$[\theta]$、完全变构后的CD_{222}峰值$[\theta]U$。带入下列公式，计算Tm值：

$$fF+fU=1 \tag{1}$$

$$fU=([\theta]F-[\theta])/([\theta]F-[\theta]U) \tag{2}$$

$$K=fU/fF=fU/(1-fU)=([\theta]F-[\theta])/([\theta]-[\theta]U) \tag{3}$$

$$\Delta G=-RT\ln K=-RT\ln[([\theta]F-[\theta])/([\theta]-[\theta]U)] \tag{4}$$

$$\Delta H=-R \times d(\ln K)/d(1/T) \tag{5}$$

$$\Delta G(T)=\Delta Hm(1-T/Tm)-\Delta Cp[(Tm-T)+T\ln(T/Tm)] \tag{6}$$

其中R为气体常数（1.987cal/mol·K），T为绝对温度，$[\theta]F$ 和$[\theta]U$分别为蛋白变构前和完全变构后的摩尔椭圆率。摩尔椭圆率$[\theta]=100\theta/$（$c\times l$），单位为deg cm^2d/mol，c表示蛋白的摩尔浓度，l表示比色杯的厚度cm。

3.2.3　摩尔消光系数测定

采用Folin-酚法测定藻胆蛋白浓度，然后测定某蛋白浓度下的吸收光谱，计算藻胆蛋白在某个波长处的摩尔消光系数。

（1）蛋白标准曲线建立。将BSA倍比稀释，取各浓度BSA溶液200 μL，加入1 mL福林甲，25℃水浴10 min。迅速加入福林乙100 μL，混匀，30℃水浴30 min，测定OD_{640}，用水作空白对照。根据测定的系列OD值对BSA蛋白浓度建立标准曲线。

（2）藻胆蛋白浓度的测定。将藻胆蛋白溶液适当稀释，使其浓度约为0.1~0.2mg/mL，取蛋白溶液200 μL，按照上法测定OD_{640}，根据建立的蛋白标准曲线，计算藻胆蛋白的蛋白浓度。

（3）藻胆蛋白的吸收光谱测定。测定某已知蛋白浓度的藻胆蛋白溶液的吸收光谱，使最大吸收值位于0.3~0.8之间。

（4）藻胆蛋白摩尔消光系数（ε）的计算。根据公式$OD=\varepsilon \times C \times L$计算摩尔消光系数ε。其中L为比色皿的光径，单位为cm。C为蛋白溶液的摩尔浓度。

3.2.4　藻胆蛋白的溶解温度（Tm）值的测定结果

RPE 的Tm值为78.74℃〔图3-1（a）〕，CPC的Tm值为67.02℃〔图3-1（b）〕，APC的Tm值为68.80℃〔图3-1（c）〕，RPC的Tm为49.53℃〔图3-1（d）〕。

3.2.5　藻胆蛋白的摩尔消光系数测定结果

藻胆蛋白的蛋白标准曲线的方程式为$OD_{640}=0.0129X+0.0606$。X为200 μL中含有的蛋白量，单位为μg。

通过公式计算，各种藻胆蛋白的摩尔消光系数测定结果为：

APC的摩尔消光系数：APC的蛋白浓度为0.20 mg/mL时的吸光度为$A_{650}=1.00$，所以APC在650 nm处的摩尔消光系数为5.31×10^{5} $M^{-1}cm^{-1}$。

CPC的摩尔消光系数：CPC的蛋白浓度为0.13 mg/mL时的吸光度为$A_{620}=0.58$，所以CPC在620 nm处的摩尔消光系数为1.06×10^{6} $M^{-1}cm^{-1}$。

RPE的摩尔消光系数：RPE的蛋白浓度为0.18 mg/mL时的吸光度为$A_{565}=1.06$，所以RPE在565 nm处的摩尔消光系数为1.40×10^{6} $M^{-1}cm^{-1}$。

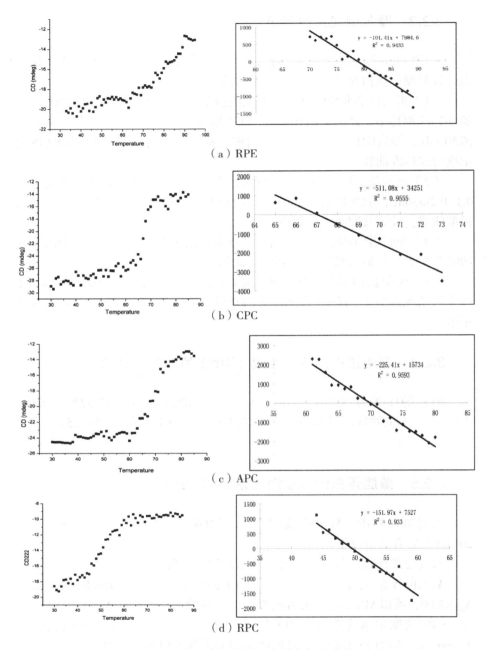

图3-1　藻胆蛋白的溶解温度（Tm）曲线

Fig 3-1　Melting temperature curve of phycobiliproteins

RPC的摩尔消光系数：RPC的蛋白浓度为0.70 mg/mL时的吸光度为A_{620}=0.69，所以RPC在620 nm处的摩尔消光系数为1.00×10^5 $M^{-1}cm^{-1}$。

上述结果与文献报道有一定出入，报道RPE的摩尔消光系数为1.96×10^6 $M^{-1}cm^{-1}$（White and Stryer，1987），APC的摩尔消光系数为6.96×10^5 $M^{-1}cm^{-1}$（Sun et al.，2003），可能与藻胆蛋白的纯度、浓度和测定方法以及藻胆蛋白的藻来源、色基组成及结构不同有关。

3.3　温度对藻胆蛋白的活性构象的影响

文献报道藻胆蛋白在温度低于60℃时性质稳定（Galland-Irmouli，et al.，2000）。不同种类的藻胆蛋白、不同藻来源的藻胆蛋白的温度稳定性是否有差异，尚未见系统研究。我们以纯化的钝顶螺旋藻CPC和APC、多管藻RPE和RPC为材料，系统研究了温度及保存条件对四种常见藻胆蛋白的活性构象的影响。

RPE、RPC由多管藻中提取，APC、CPC由钝顶螺旋藻中提取，纯度达电泳纯，硫酸铵沉淀4℃避光保存，试验时透析除盐，调整到适宜浓度。

主要器材包括：①分光光度计：型号UV/VIS-550，日本Jasco公司生产；②荧光光度计：型号FP-5100，日本Jasco公司生产。

温度的影响：利用光谱仪配备的温控装置，测定不同温度梯度下的藻胆蛋白吸收光谱、荧光光谱。每个温度梯度保温5 min。

保存条件的影响：纯化的RPE、CPC、APC、RPC经50 mM pH值为7.5 PBS透析后分装于小管中，分别保存于4℃（加0.02%叠氮化钠）、-20℃、冻干后4℃、60%硫酸铵4℃保存，间隔一段时间测定吸收光谱和荧光光谱。

3.3.1　温度对常见藻胆蛋白的构象影响结果

藻胆蛋白对温度敏感。随着温度升高，藻胆蛋白的吸光度和荧光强度均降低。RPE在90℃时荧光消失，CPC在70℃时荧光消失，APC在70℃时最大吸收峰由650 nm蓝移至620 nm，相应的荧光发射峰由660 nm蓝移至640 nm，RPC在60℃时最大吸收峰由620 nm蓝移540 nm（图3-2），由此可见RPE稳定性高于CPC、RPC和APC。

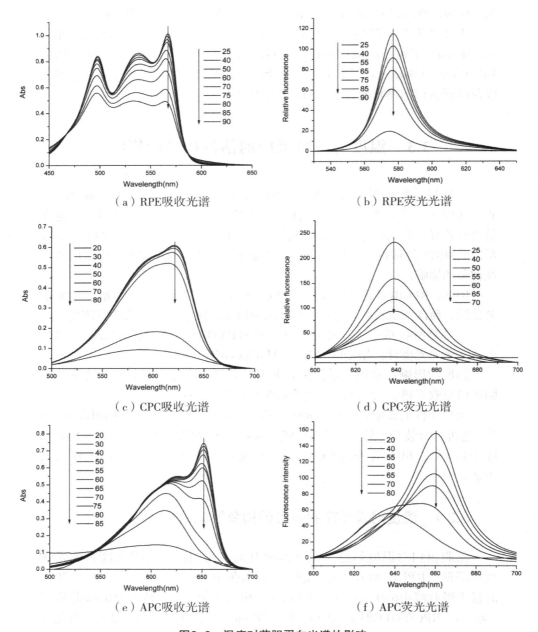

（a）RPE吸收光谱　　　　　　　（b）RPE荧光光谱

（c）CPC吸收光谱　　　　　　　（d）CPC荧光光谱

（e）APC吸收光谱　　　　　　　（f）APC荧光光谱

图3-2　温度对藻胆蛋白光谱的影响

Fig. 3-2　Spectra of phycobiliproteins at differnt temperatures

3.3.2 保存条件对常见藻胆蛋白的活性构象的影响结果

（1）保存条件对RPE光谱的影响。硫酸铵沉淀、−20℃、冻干、4℃保存1年，RPE的吸收光谱和荧光光谱性质不变，但最大吸收峰的吸光度和相对荧光强度依次降低，由此可见，硫酸铵沉淀保存RPE效果最好，其次为4℃、−20℃，冻干后4℃保存效果最差，相对荧光强度仅为硫酸铵保存的30%。RPE由于具有γ亚基，性质稳定，4℃、−20℃、硫酸铵沉淀保存都是效果较好的保存方法。4℃、−20℃直接保存的优势在于使用时不用透析和再处理，直接可以使用。结果如图3-3（a）、3-3（b）所示。

（2）保存条件对CPC光谱的影响。硫酸铵沉淀、4℃、−20℃保存1年，CPC的吸收光谱和荧光光谱性质基本没有差别，但最大吸光度和相对荧光强度只有原溶液光度值的1/2。由于CPC不含有γ亚基，稳定性不如RPE，低温对其结构和性质有一定影响。而硫酸铵沉淀保存导致吸光度降低可能与CPC的沉淀、透析过程造成的蛋白质损失有关。结果如图3-3（c）、3-3（d）所示。

（3）保存条件对APC光谱的影响。冷冻保存对APC吸收光谱性质影响较大，A_{620}大于A_{650}。冷冻对APC荧光光谱性质影响较大，出现两个荧光发射峰，分别位于660、640 nm，可能与APC部分降解有关。结果如图3-3（e）、3-3（f）所示。

通常藻胆蛋白的保存采用硫酸铵沉淀低温避光保存。但硫酸铵沉淀的藻胆蛋白在使用前需透析，透析后会造成蛋白损失，而且浓度低时损失更严重。藻胆蛋白标记的探针无法硫酸铵沉淀保存。4℃、−20℃直接保存对藻胆蛋白的影响研究为藻胆蛋白及荧光探针的保存和应用提供了依据。

藻胆蛋白对温度敏感，RPE、CPC、APC的Tm值大于60℃，而RPC的Tm值约为50℃，藻胆蛋白保存或使用时应注意作用温度不能太高。藻胆蛋白是色素蛋白，含有较多色基，所以摩尔消光系数大，保存时应采取避光措施。一般蛋白质适于冷冻保存，本文研究发现冷冻对RPE影响较小，对CPC、APC的光谱性质影响较大，最大吸光度和相对荧光强度均降低。相比之下，硫酸铵沉淀仍然是藻胆蛋白普遍适用的保存方法。RPE由于稳定性高，可采用硫酸铵沉淀、冷冻、冻干以及低温保存，尤其是后三种保存方式保存的RPE可以直接用于后续试验，不需经过透析等处理，避免了蛋白质的损失。

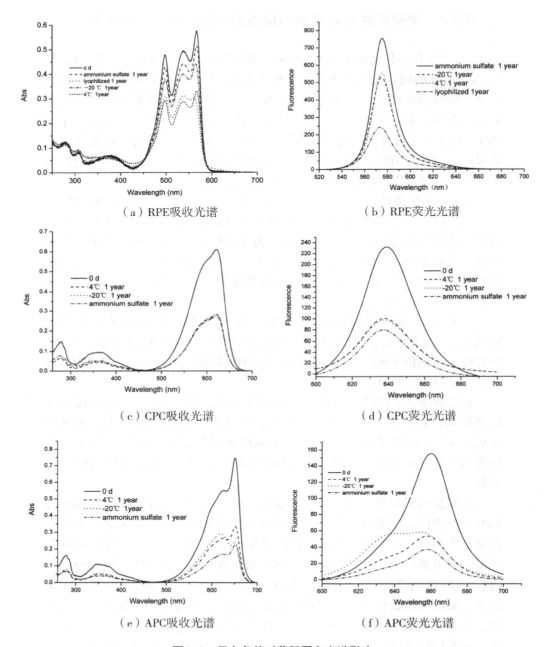

（a）RPE吸收光谱　　　　　　　　　（b）RPE荧光光谱

（c）CPC吸收光谱　　　　　　　　　（d）CPC荧光光谱

（e）APC吸收光谱　　　　　　　　　（f）APC荧光光谱

图3-3　保存条件对藻胆蛋白光谱影响

Fig. 3-3　Spectra of phycobiliproteins under different storage condition

3.4　pH值对藻胆蛋白活性构象的影响研究

藻胆蛋白的性质比较稳定。藻胆蛋白在pH值为 5~9时光谱性质不改变（Pan et al.，1986；Galland-Irmouli et al.，2000；Liu et al.，2005）。但种类不同和来源不同的藻胆蛋白的性质和稳定性是否有差异，不得而知。本节系统研究了pH值对常见藻胆蛋白的活性构象的影响。

RPE、RPC由多管藻中分离纯化，APC、CPC由钝顶螺旋藻中分离纯化，纯度达电泳纯，硫酸铵沉淀4℃避光保存，使用时透析除盐，调整到适宜浓度。

主要器材包括：分光光度计：型号UV/VIS-550，日本Jasco公司生产；荧光光度计：型号FP-5100，日本Jasco公司生产；CD光谱仪：型号J-810，日本Jasco公司生产。

pH对藻胆蛋白的活性构象的影响：配制pH值分别为3、4、5、6、7、8、9、10、11的50 mM PBS，用 6 M HCl和5 M NaOH微调。溶液pH值用pH计测定。每管中加入PBS 500 μL和藻胆蛋白溶液50 μL，混匀，4℃避光作用4 h，测定吸收光谱和荧光光谱、CD光谱。

pH值对藻胆蛋白的活性构象的影响结果：

（1）pH对RPE的影响。RPE在pH值为 4~10时稳定，吸收光谱和荧光光谱性质不改变。pH值为3时，RPE的最大吸收峰消失，其他两个吸收峰的吸光度降低。pH值为4时，吸收光谱峰型不变，但吸光度仅为对照的6%（图3-4A）。

pH值为3~10时，RPE荧光光谱未发生斯托克位移变化，但在pH值为3、4时荧光强度显著降低［图3-4（b）］，这与报道一致（Galland-Irmouli et al.，2000；Liu et al.，2005；Pan et al.，1986）。

（2）pH值对CPC的影响。CPC在pH值为 4~9时吸收光谱和荧光光谱基本不改变，pH值为3、10时吸光度显著降低；pH值为10时最大吸收峰由620 nm蓝移至600 nm，最大荧光发射峰由640 nm蓝移至618 nm，这与CPC的降解有关（Padgett and Krogmann，1987）。结果如图3-4（c）、3-4（d）所示。

（3）pH值对APC的影响。APC在pH值为4~9时吸收光谱和荧光光谱基本不改变，pH值为3、10时APC吸光度显著降低，pH值为3时APC最大吸收峰由650 nm蓝移至615 nm，最大荧光发射峰由660 nm蓝移至640 nm，此时APC由三聚体降解为单体（MacColl et al.，1980）［图3-4（e）、3-4（f）］。

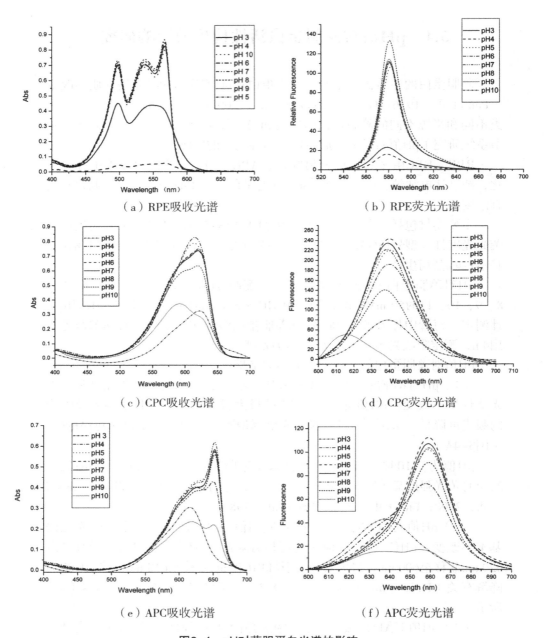

（a）RPE吸收光谱　　　　　　　　　　（b）RPE荧光光谱

（c）CPC吸收光谱　　　　　　　　　　（d）CPC荧光光谱

（e）APC吸收光谱　　　　　　　　　　（f）APC荧光光谱

图3-4　pH对藻胆蛋白光谱的影响

Fig. 3-4　Spectra of phycobiliproteins at different pH values

藻胆蛋白为两性蛋白质，等电点为3.7~5（Glazer，1981），各种藻胆蛋白的等电点略有不同，RPE为3.7（Yu et al.，1991），RPC为4.6（Zeng et al.，1992），CPC为4.6，APC为4.3（杜林方、付华龙，1994）。pH值会影响其带电荷情况，pH过高或过低对藻胆蛋白的结构和性质有影响，不同的藻胆蛋白的pH值稳定范围有差别，但普遍在pH值为4~9时光谱性质没有变化。

R-PE的晶体结构在2.8埃的分辨率下的解析结果表明，R-PE的α亚基在α84和α140处有2个PEB，β亚基在β84、β155处有2个PEB，在β50/61处有1个PUB；γ亚基有3个PUB和1个PEB。γ亚基被认为是疏水性连接蛋白，位于PE的中心空腔中。

几个关键锚点负责R-PE亚基的组装的构象。结构的活性分析和光谱分析及晶体结构能够阐明RPE的构象的稳定性和灵敏度及其功能。

在酸性环境中R-PE的吸光度随着溶剂pH降低而连续降低，包括565 nm和540 nm处的吸光度的快速下降归因于PEB，以及在498 nm处的吸光度下降相对较小归因于PUB（因较短的共轭π键交联）。PUB的稳定性更强可能是由于PUB中的环C和D与β50和β61的Cys残基的双重结合，而PEB仅通过一个Cys残基与蛋白结合。

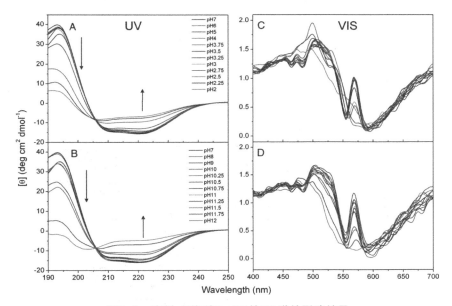

图3-5 溶剂pH值对R-PE的CD谱的影响结果

Fig 3-5 Effects of solvent pH on CD spectra of R-PE

（A，R-PE在pH值为7~2时的紫外-CD光谱；B，R-PE在pH值为7~12的紫外-CD光谱；C在pH值为7~2的R-PE的可见光CD光谱；D，pH值在7~12之间R-PE的可见光CD光谱。）

190~260nm的远紫外CD提供关于肽骨架的结构信息，可用于监测构象变化。当α-螺旋结构占主导地位时，R-PE显示的CD光谱在222 nm和208 nm处的强负带和位于192 nm处的正带。在pH值为7时进行比较，在酸性和碱性溶液中在208和222 nm处的特征性CD峰都降低，在192 nm的CD信号降低。此外，当溶液变得极端酸性时，负CD带发生蓝移。在碱性条件下检测到更明显的蓝移。这表明R-PE的二级结构随pH值变化显著改变。

二级结构分析结果表明，α-螺旋的含量高达天然结构的90%。在pH 12时，α-螺旋含量降低到接近于零，但在pH值为2时保持在16%。在3.5~10的pH范围内，大部分α-螺旋含量保持不变，但α-螺旋含量随pH值的变化有一定的变化。

藻胆蛋白的聚集态反映在CD光谱的可见区域。在可见的CD范围内，有两个正峰位于500 nm和570 nm的长波长处。在pH>3.5或pH<10时在570 nm处的CD带降低，并且在碱性条件下在500 nm处的CD峰减少，这表明在这些pH范围内可能分子结构或聚集状态变化。在3.5~11的pH值范围内没有显著的光谱变化，意味着三级结构在该pH值范围内是相对稳定的（图3-6）。

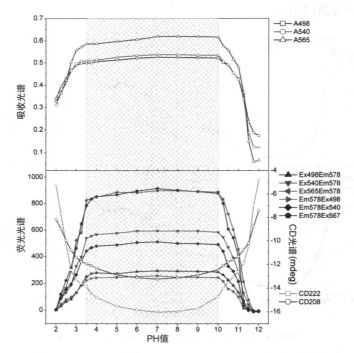

图3-6 R-PE的吸收光谱、荧光光谱、CD光谱的峰值变化与pH值关系

Fig 3-6 Traces of peak intensities of absorbance，fluorescence and CD spectra of R-PE as a function of pH

3.5　光照对藻胆蛋白活性构象的影响

本节主要研究光照因素对常见藻胆蛋白的活性构象的影响。

RPE、RPC由多管藻中提取，APC、CPC由钝顶螺旋藻中提取，纯度达电泳纯，硫酸铵沉淀4 ℃避光保存，试验时透析除盐，调整到适宜浓度。

主要器材包括：①分光光度计：型号UV/VIS–550，日本Jasco公司生产；②荧光光度计：型号FP–5100，日本Jasco公司生产。

可见光对藻胆蛋白活性构象的影响：将藻胆蛋白溶液分装于玻璃试管中，每管2 mL，室温放置试验台上，用80 W日光灯距离试验台2.5 m垂直连续照射，间隔一段时间测定吸收光谱和荧光光谱。

实验结果：可见光照射对RPE影响较小，对CPC、APC的吸收光谱和荧光光谱有一定影响，CPC、APC的最大吸光度和相对荧光强度随着照射时间的延长而逐渐降低（图3–7）。这与RPE含有γ亚基、结构致密，所以稳定性最高，而CPC、APC结构松散，稳定性差，因此受光照等因素影响较大，这也提示我们在储存和应用藻胆蛋白时应采取避光措施。

3.6　离子强度对藻胆蛋白活性构象的影响

本节主要研究离子强度对常见藻胆蛋白的活性构象的影响。

RPE、RPC由多管藻中提取，APC、CPC由钝顶螺旋藻中提取，纯度达电泳纯，硫酸铵沉淀4 ℃避光保存，试验时透析除盐，调整到适宜浓度。

主要器材包括：①分光光度计：型号UV/VIS–550，日本Jasco公司生产；②荧光光度计：型号FP–5100，日本Jasco公司生产。

离子强度对藻胆蛋白活性构象的影响：配制pH值为 7.5 离子强度分别为5、25、50、100、200、500、750、1000的PBS。每个Eppendorf管中加入不同离子强度PBS 500 μL和藻胆蛋白溶液50 μL，在酸性环境中R– PE的吸光度随着溶剂pH值降低而连续降低，包括565 nm和540 nm处的吸光度的快速下降归因于PEB，以及在498 nm处的吸光度下降相对较小归因于PUB（因较短的共轭π键交联）。PUB的稳定性更强可能是由于PUB中的环C和D与β50和β61 的Cys残基的双重结合，而PEB仅通过一个Cys残基与蛋白结合。

实验结果：在离子强度为5~1000mM的pH值为7.5 PBS缓冲液中，RPE、CPC、APC的荧光光谱和吸收光谱基本不改变（图3–8）。

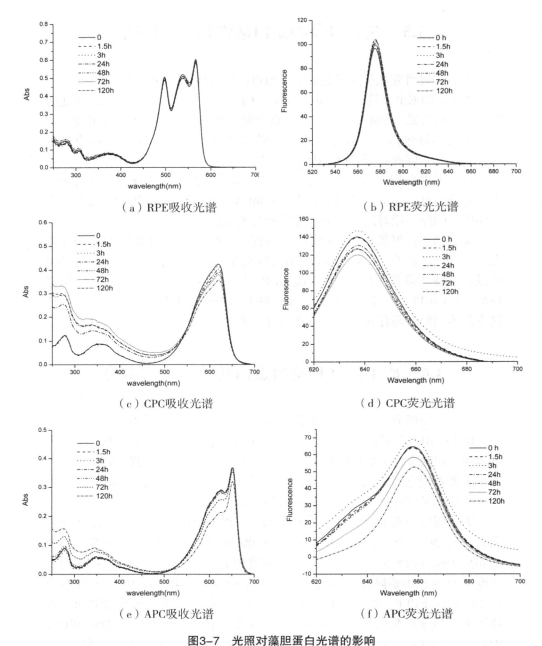

（a）RPE吸收光谱　　　　　　　　　　（b）RPE荧光光谱

（c）CPC吸收光谱　　　　　　　　　　（d）CPC荧光光谱

（e）APC吸收光谱　　　　　　　　　　（f）APC荧光光谱

图3-7　光照对藻胆蛋白光谱的影响

Fig. 3-7　Spectra of phycobiliproteins at different illumination time

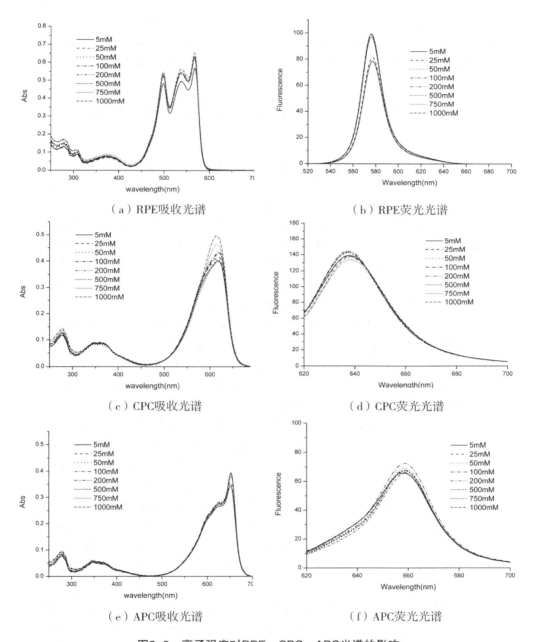

（a）RPE吸收光谱　　　　　　　　（b）RPE荧光光谱

（c）CPC吸收光谱　　　　　　　　（d）CPC荧光光谱

（e）APC吸收光谱　　　　　　　　（f）APC荧光光谱

图3-8　离子强度对RPE、CPC、APC光谱的影响

Fig. 3-8　Spectra of RPE，CPC and APC in different ion strength

藻胆蛋白为两性蛋白质，等电点为3.7~5（Glazer，1981），各种藻胆蛋白的等电点略有不同，RPE为3.7（Yu et al.,1991），RPC为4.6（Zeng et al.，1992），CPC为4.6，APC为4.3（杜林方、付华龙，1994）。离子强度会影响其带电荷情况，从而对藻胆蛋白的结构和性质有一定影响。

3.7 化学交联剂对藻胆蛋白活性构象的影响

本节主要研究化学交联剂对藻胆蛋白（R-藻红蛋白、C-藻蓝蛋白）的活性构象的影响。考察不同摩尔比的化学交联剂SPDP对PBP的光谱性质影响，筛选藻胆蛋白化学交联时SPDP的使用浓度范围。

（1）试验步骤。每管加入3.5 mg/mL的藻胆蛋白溶液500 μL，然后分别加入20 ul不同浓度的SPDP溶液，使每管中SPDP/RPE的摩尔比分别为20：1、50：1、100：1、150：1、200：1、300：1。混匀后，反应管外裹锡箔纸，23℃150 rpm作用2 h，离心超滤去除残余的SPDP，并用50 mM pH值为7.5 PBS适当稀释，测定吸收光谱和荧光光谱。

（2）SPDP对RPE的光谱性质的影响结果。随着SPDP/RPE的摩尔比增加，RPE在565 nm处的吸光度降低，但在280 nm处的吸光度增加。摩尔比为20~150时，RPE的吸光光谱变化不大；摩尔比为200、300时，RPE在565 nm处的吸光度降低明显，在280 nm处的吸光度明显增加；当摩尔比达到400时，RPE产生沉淀变性［图3-9（a）］。

SPDP摩尔比在0~300范围内对RPE荧光强度影响不大［图3-9（b）］。

（3）SPDP对CPC光谱性质的影响结果。在SPDP的作用下，CPC的吸收光谱发生改变。随着SPDP/CPC摩尔比的增加，CPC的蓝色逐渐变淡，最大吸光度逐渐降低，最大吸收峰发生蓝移，但343 nm、280 nm处的吸光度升高。摩尔比为100时，CPC的最大吸光度仅为空白对照的44.7%；摩尔比为300时，最大吸光度仅为空白对照的8.9%；摩尔比大于等于100时，CPC的最大吸收峰由原来的620 nm蓝移至610 nm；摩尔比大于300时，CPC蓝色基本消失，溶液变性沉淀［图3-9（c）］。CPC的蓝色变淡与其构象变化有关（Fukui et al.，2004）。

SPDP对CPC的荧光强度影响较大。随着SPDP/CPC摩尔比的增加，CPC的相对荧光强度降低，荧光发射峰蓝移。摩尔比为50时，CPC的荧光强度为对照的38.5%；摩尔比为100时，CPC的荧光强度仅为对照的23.6%，荧光发射峰由原来的640 nm蓝移至630 nm［图3-9（d）］。荧光发射峰蓝移是由于CPC在高浓度SPDP作用下由（αβ）$_3$降解为（αβ）单体。藻胆蛋白是蛋白质，对化学试剂敏感，为避免CPC荧光损失过大和荧光光谱蓝移，使用SPDP对CPC衍生时摩尔比应小于100。

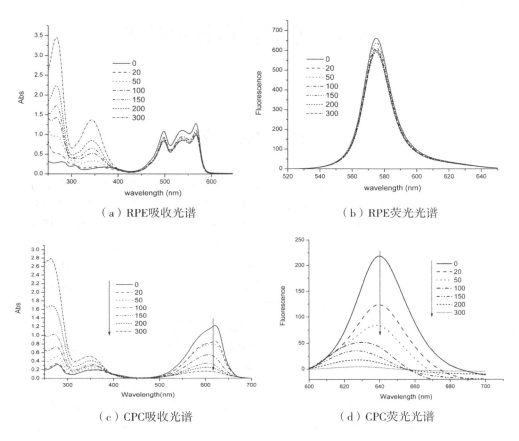

（a）RPE吸收光谱 （b）RPE荧光光谱

（c）CPC吸收光谱 （d）CPC荧光光谱

图3-9 SPDP对藻胆蛋白光谱影响

Fig.3-9 Spectra of phycobiliproteins treated with different molar ratios of SPDP

第4章　藻胆蛋白标记技术

4.1　藻胆蛋白化学交联研究

蛋白质交联（*crosslinking or conjugation*）是指将药物、半抗原等小分子物质或酶、蛋白质、毒素等大分子物质以共价键的方式连接到蛋白质分子上，以制备人工藻胆蛋白、酶/荧光标记抗体、免疫毒素、载体缓释药物、靶向药物等或用于酶（蛋白质）分子的化学修饰、稳定/固定化及蛋白质间相互作用研究等（Buisson& Reboud，1982；Gutweniger et al.，1983；Ong &Glazer，1985；洪孝庄，孙曼雯，1993；Brinkley，1992；Pastan & Kreitman，1998；Tanksale et al.，2001）。

蛋白质交联的实质是分子间活性功能基团的共价连接。蛋白质中可用于交联的活性功能基团有游离氨基（如赖氨酸中的ε-氨基或末端氨基）、游离羧基（天冬氨酸残基，谷氨酸残基及末端羧基）、巯基（半胱氨酸）等。藻胆蛋白分子表面含有大量的赖氨酸残基（如一分子BPE含85个赖氨酸残基，一分子APC含36个赖氨酸残基），藻胆蛋白的交联反应中主要利用其表面的赖氨酸残基的ε-氨基（Glazer & Stryer，1983a；Kronick，1986；Glazer，1994）。

藻胆蛋白的交联反应分为分子内交联和分子间交联。分子内交联通常采用同型双功能交联剂，旨在蛋白质、酶的固定和稳定化；而分子间交联常用异型双功能交联剂。按藻胆蛋白交联对象不同将藻胆蛋白交联分为三种类型：藻胆蛋白与小分子物质交联（如Cy5、生物素）、藻胆蛋白与蛋白质交联（抗体、不同种的藻胆蛋白）及藻胆蛋白自身分子内交联等。

（1）藻胆蛋白与小分子物质的交联多借助于藻胆蛋白自身的自由氨基与小分子物质经N-羟基琥珀酰亚胺衍生后所形成的活泼酯键的相互作用，藻胆蛋白无需衍生。如藻胆蛋白与生物素的交联（Oi & Glazer，1982；Mujumdar et al.，1993）。

（2）藻胆蛋白与其他蛋白质分子间的交联，常用交联剂有戊二醛、SPDP、SMCC。这三种交联剂要求的反应条件都比较温和，交联反应在常温及中性pH值条件下的水溶液中即能进行，这一点对于交联双方各自的特性或活性的保持非常重要。

（3）藻胆蛋白自身分子内交联，在藻胆蛋白各亚基间通过化学交联引入连键，避免在较低浓度条件下解聚（藻红蛋白除外）造成其光谱特性发生畸变。Ong和Glazer（1985）利用水溶性的同型双功能交联剂碳二亚胺，在别藻蓝蛋白的(αβ)单体内建立了化学键，这种化学稳定的(αβ)单体进一步复性聚集成三聚体，该种三聚体的光谱特性与未处理的三聚体相似，但具有高度的稳定性。

4.1.1　化学交联剂

交联剂根据功能不同，分为同型双功能交联剂和异型双功能交联剂。

（1）同型双功能试剂含两个相同的功能基团，以戊二醛、碳二亚胺（EDAC）最为常用。同型双功能试剂交联时，常形成多种聚合物共存，产物的均一性较差，易形成同种蛋白间的连接，交联效率不高（Avrameas，1969；Avrameas and Temynck，1969）。

（2）异型双功能交联剂具有两个不同的功能基团。使用异型双功能交联剂可将标记物蛋白与抗体通过两者的氨基进行交联，而不会形成标记物蛋白或抗体自身的聚合物，标记简单、经济。应用异型双功能交联试剂可以控制交联反应的进行，减少或避免自身聚合和交叉聚合，保证了交联产物的有效性。

下面介绍几种重要的化学交联剂。

（1）EDAC。EDAC能分别使两个蛋白质分子上的氨基和羧基脱水缩合形成酰胺键而连接在一起，而自身并不插入其中，故被称为"零长度"交联剂（Beckers et al.，1992）。EDAC交联没有选择性，易形成蛋白质分子的自身聚合，产生非均一产物。EDAC交联反应条件温和，即使在冷却的条件下也能于中性pH值中进行。EDAC常用于蛋白质大分子与小分子配体或藻胆蛋白的交联。

（2）戊二醛。戊二醛含两个相同的功能基团-醛基（Hurn & Chantiler，1980；Wang et al.，1997），分子两端的自由醛基可分别与两种蛋白的游离氨基反应形成Schiff氏碱（–N=C–），在两种分子间形成一个五碳桥（Reichlin，1980）而将两者连接起来。戊二醛交联反应条件温和，能在4~40℃温度范围内，pH值为 6.0~8.0的缓冲液中进行。戊二醛被成功用于辣根过氧化物酶（HSP）与抗体的交联（Hurn & Chantiler，1980）、两种藻胆蛋白间的交联（Wang et al.，1997；Ma et al.，2003）。较高浓度（1.0%）的戊二醛可导致藻胆蛋白荧光强度的衰减（Koest et al.，1980），但浓度为0.03%的戊二醛既能稳定藻胆体又对其荧光淬灭效应很小（张熙颖等，2004）。作为中等链长的交联剂的戊二醛具有两方面的优势：一方面可以在蛋白质的亚基间建立连接桥，形成跨亚基间的交联（Papageorgiou & Lagoyanni，1983）；另一方面戊二醛所具有的两个自由醛基，可以使它在稳定蛋白质的同时还能进一步与其他蛋白交联，用不同的封闭剂封闭稳定化反应，可在稳定化的蛋白质表面引入新的不同的功能基团，如用半胱氨酸封闭，可使蛋白质表面带有巯基，从而有利于稳定化的蛋白质进一步连接新的物质，能够实现蛋白质的一步法交联。

（3）SPDP。SPDP是N-Hydroxysuccinimidyl 3-（2-pyridyldithio）propionate的缩写，中文名为N-琥珀酰亚胺3-（2-吡啶基二硫）丙酸酯，分子量为312，空间臂长6.8 Å，不溶于水，使用前先溶解于DMSO或无水乙醇等有机溶剂，是一种应用广泛的异型双功能交联剂，交联反应适宜pH值为7.0~9.0，交联反应温和，副反应较少。SPDP能够定量地在蛋白质分子上引入吡啶二硫基，且能方便地测定其含量。

SPDP分子一端的琥珀酰亚胺酯能够与蛋白分子的游离氨基反应，形成蛋白质的SPDP衍生物；另一端的2-吡啶基团是一个很好的离去基团，极易受另一种蛋白分子所含巯基的攻击而解离，两个蛋白分子通过巯基-二硫键交换反应形成二硫键从而连接起来（图4-1）（Carlsson et al.，1978；Cumber et al.，1985；王世中、乔梅，1985）。

蛋白质经SPDP衍生后，在DTT的还原下能成功地引入巯基，避免自身二硫键的破坏（图4-2）。

（4）SMCC。SMCC 是Succinimidyl-4-（N-maleimidomethyl）cyclohexane-1-carboxylate的缩写，中文名为琥珀酰亚胺基-4-（N-甲基马来酰亚胺）环己烷-1-碳酸酯，分子量为334.3，空间臂长11.6 Å。SMCC不溶性水，配制成DMSO溶液使用。SMCC的马来酰亚胺基团与蛋白质的巯基反应时，对pH值要求严格，最适pH值为 6.5~7.5（Harmanson，1996）。在最适pH值时，SMCC与巯基的反应速度是SMCC与氨基反应的1000倍，所以须严格控制蛋白溶液的pH值在7左右。

SMCC分子一端的琥珀酰亚胺酯基团先与一种蛋白分子的伯胺反应形成稳定的酰胺键，另一端的马来酰亚胺基团可与另一种蛋白分子的巯基发生特异性反应，从而将两种蛋白连接起来（图4-3）（Yoshitake et al.，1982）。

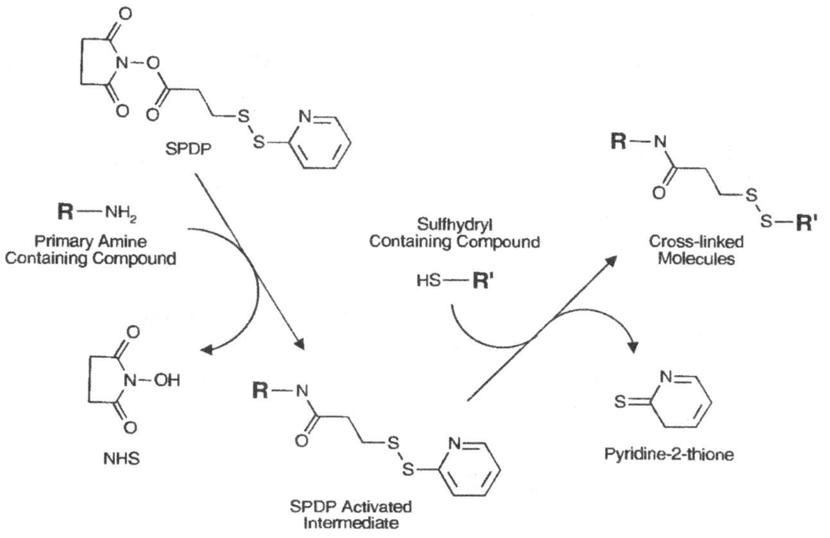

图4-1　SPDP为交联剂的蛋白交联反应的原理

Fig.4-1　The protein conjugation reaction mediated by the crosslinker of SPDP

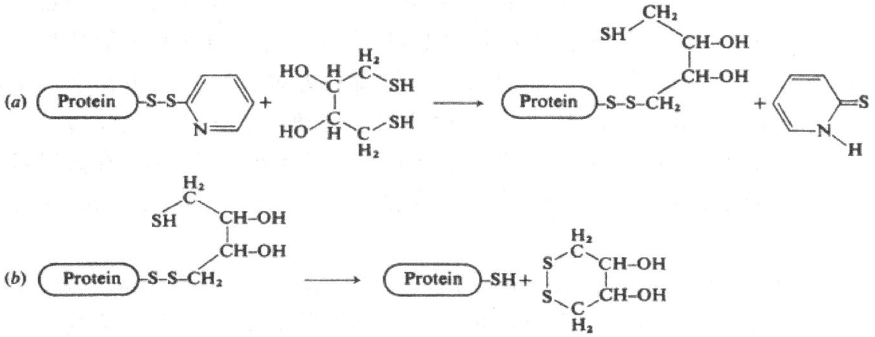

图4-2　DTT还原蛋白质-SPDP衍生物产生蛋白-SH的过程

Fig. 4-2　The protein–SPDP ramification reaction mediated by DTT

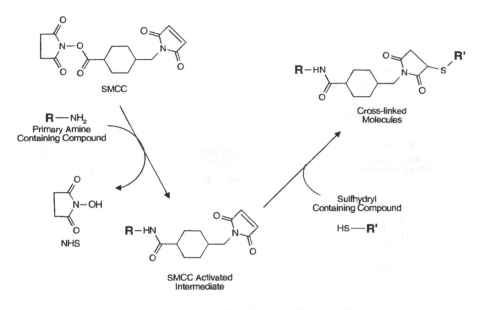

图4-3 SMCC为交联剂的蛋白交联反应的原理

Fig. 4-3　The protein conjugation reaction mediated by the crosslinker of SMCC

（5）其他功能试剂。

1）2-IT：2-IT 是2-Iminothiolane的缩写，中文名为2-亚氨基四氢噻吩，亦称为Traut's试剂，分子量为137.6。2-IT在一个开环反应中与蛋白质分子的伯胺基团反应形成自由巯基。2-IT 所引入的自由巯基易氧化形成二硫链，为保持巯基还原性，需对溶液进行脱氧处理，另外还可在蛋白溶液中加入EDTA（0.01~0.1mol/L），以避免由金属离子催化的氧化反应，有利于保持游离巯基的稳定性。2-IT能溶于水，适应pH值为 7~10，在微碱环境中修饰蛋白的速度最快、效率最高，通常选取pH值为 7.2~7.5（Jue et al., 1978）。

2）DTT：DTT 是Dithiothreitol的缩写，中文名为二硫苏糖醇，分子量为154.3。一分子的DTT含两个自由巯基，在溶液状态下保持自由巯基，具有较强的还原性。DTT通过两步还原反应打开二硫键，还原蛋白分子内的二硫键。巯基乙醇还原二硫键具有高度专一性和长的半衰期。由于反应的平衡常数接近1，必须使用过量的DTT。二硫键被还原为巯基后容易自动氧化回去，因而需要处理（如羧甲基），以防止重新氧化成二硫键。

3）NEM：NEM 是N-Ethylmaleimide的缩写，中文名为N-乙基马来酰亚胺，分子量为125.10。NEM是烷基化试剂，是一种有效的巯基修饰试剂，该反应具有较强的专一性并伴随着光吸收的变化，可以很容易通过光吸收的变化来确定反应的程度。pH值为 6.5~7.5时，NEM可与巯基发生特异性反应形成稳定的硫醚键，以封闭未反应的自由巯基。

4.1.2　藻胆蛋白–抗体的化学交联方法

1. 液相交联和固相交联

（1）液相交联：传统的交联反应多数是在溶液中进行的。液相交联反应的程度不容易控制，交联产物分离纯化难度大。

（2）固相交联：固相交联是近年来发展起来的交联技术（Russell et al., 2002; Russell et al., 2004）。固相交联原理类似亲和层析技术。先将藻胆蛋白作为配基共价连接到固相载体上制成免疫吸附剂（固相藻胆蛋白），利用藻胆蛋白、抗体特异性结合以固相化的藻胆蛋白截留样品中的靶分子–抗体形成固相免疫复合物；选择适当的洗涤条件解离配基与靶分子的亲和结合，使靶分子从固定化配基上解离下来。固相交联容易实现交联过程的控制，得到大小均一、组分明确的交联物，交联产物的质量高，易于高效分离纯化。固相免疫复合物中的抗体与固相藻胆蛋白免疫结合，在一定程度上，抗体的藻胆蛋白结合部位因结合了藻胆蛋白而获得了保护，在抗体的藻胆蛋白结合部位引入活化基团的机率大幅度降低，因此当藻胆蛋白通过活化基团与抗体交联时，交联抗体仍保留完整的藻胆蛋白结合部位，此时配基上结合的靶分子为藻胆蛋白与抗体的交联物，使该靶分子从固相藻胆蛋白上解离，就获得活性保持良好的藻胆蛋白荧光标记抗体（图4-4）。

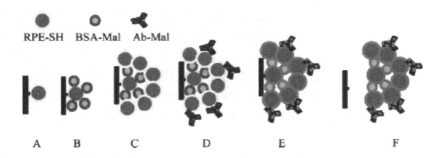

图4-4　藻胆蛋白固相交联流程图

Fig. 4-4　The protein solid phase conjugation reaction

固相交联本质上与液相交联相同，由于配基（藻胆蛋白）与固相载体的化学结合，固相藻胆蛋白对pH值、离子强度等条件具有一定程度的耐受，固相藻胆蛋白既有效地保护抗体藻胆蛋白决定簇，又提供了较为简便的分离靶分子的手段。因此，通过固相交联获得的交联抗体具有完整的藻胆蛋白结合部位，引入的大分子探针（如藻胆蛋白分子）较少影响其结合藻胆蛋白的能力，这种交联方式增加了交联反应的方向性和交联产物的均一性，适合于藻胆蛋白及抗体等分子量较大的蛋白分子间的交联。Hu 和 Su（2003）利用固相交联法制备了BSA-Hb 1∶1交联物，得率为64%。

2. 化学交联法和免疫亲和交联法

（1）化学交联法：使用化学交联剂进行蛋白质-蛋白质交联，是蛋白质交联的主要方法。化学交联时要避免化学交联剂用量过大造成蛋白质的结构和性质改变。

（2）免疫亲和交联法：利用藻胆蛋白-抗体的特异性亲和反应进行交联，标记物本身既是标记物又是被标记物。如Ab-Biotin-Avidin-PBP、Ab-SPA-PBP、Ab1-Ab2-PBP、Ab1-Ab2-anti PBP-PBP。除最后一组外，其余的PBP都是通过化学交联连接到前面的蛋白质上。

3. 定位交联和定量交联

（1）定量交联：基于交联剂SPDP进行的蛋白质交联是可以量化控制的。SPDP的2-吡啶基团在343 nm处具有吸光度，可以通过其OD值变化来确定引入-PDT基团的量，-PDT衍生基团的计算方法有比色法（Stuchbury et al.，1975）和HPLC法（Na et al.，1998）。DTNB试剂在412 nm处有吸收峰，可通过其OD值变化来确定-SH的浓度。通过控制PDT基团和-SH基团的摩尔比来实现定量交联。

（2）定位交联：定位交联的目的是将藻胆蛋白等生物大分子荧光染料标记于抗体的Fc段，而不是Fab段，从而有效保持抗体与藻胆蛋白结合能力，并且避免空间位阻的产生。目前实现定位交联有两种方法：固相交联和Zenon技术。前面已经介绍了固相交联能获得标记于抗体Fc段的藻胆蛋白荧光探针。Zenon技术是Molecular Probes公司的专利技术，是将荧光染料、生物素或酶标记于抗小鼠IgG$_1$-Fc抗体的Fab片断上，这种Fab片断能与任何小鼠抗体的Fc片断快速和定量结合形成标记抗体探针，是一种通用的蛋白质标记技术，可快速制备出标记的抗体探针，且抗体不需纯化和去除氨基试剂。

4. 一步交联和多步交联

（1）一步交联：操作简便，多见于同型双功能交联剂。交联过程不容易控制。交联产物均一性差，有可能形成自身交联物。

（2）多步交联：通过多步反应进行蛋白质交联，多见于异型双功能交联剂，反应步骤多，操作烦琐，能避免形成自身交联物，有可能实现可控交联。

5. 直接交联和间接交联

（1）直接交联：又称直接标记、共价标记，直接将藻胆蛋白偶联于抗体，制备带有荧光标记的一抗。因其简洁经济，至今仍被广泛应用（Oi et al., 1982；Jensen and Bigbee, 1996）。但在多组分同时检测时，需一一标记抗体，制备多种荧光抗体；另外，藻胆蛋白本身的物理尺寸偏大，与抗体分子相当，直接标记抗体时，容易带来空间位阻等不良影响。

（2）间接标记：藻胆蛋白不直接标记一抗，而是作为第二试剂加入反应体系。间接法一般比直接法灵敏度更高。①标记第二抗体，只需制备一种抗人或抗动物的免疫球蛋白荧光抗体，免去了直接标记时需一一制备荧光抗体的烦琐操作。②BAS标记，间接标记中应用最为普遍的是生物素-亲合素系统（BAS）标记，是一种生物亲合（配体）交联法。利用生物素（Biotin, B）与亲合素（Avindin, A）之间具有很强亲合力的特性，以及两者既可与大分子蛋白（如抗体等）偶联，又可被酶等标记物标记的特性，形成了一种具有高特异性、高灵敏度和高稳定性的Biotin-Avidin系统。以生物素偶联抗体或藻胆蛋白，将亲和素标记酶，这是免疫反应中通用的放大手段。生物素标记抗体或酶的摩尔结合比远高于其他方法，同时这种结合不影响抗体或酶的活性，而生物素化抗体的产率几乎可达100%，测定时不存在未标记抗体的竞争性抑制；生物素标记的结合物活性稳定、易于长期保存，灵敏度无明显降低。因此，这种标记方式具有较强的优势。此外，BAS技术的主要优点之一是，凡能与Biotin结合的任何物质都可通过BAS进行检侧。因此，除酶标体系外，其他示踪物标记体系也都可以引入BAS，当示踪物与抗体通过BAS进行交联时，便构成了一个多级放大系统。③抗藻胆蛋白抗体为中介的间接检测：免疫组化中应用较多。1988年Guy等以藻红蛋白与抗藻红蛋白抗体的免疫复合物作为荧光染料用于间接荧光免疫标记，检测Burkiff淋巴瘤细胞表面IgG、HLA95R藻胆蛋白。1991年Lansdorp等将PE与Cy5通过Cy5标记的抗PE抗体实现非共价偶联，成为一种新型荧光标记物，可用488nm光激发，发射680nm荧光，斯托克位移达到192nm。

4.1.3　交联方案优化

1. 交联剂的选择

蛋白质交联主要受蛋白质分子所具有的适于偶联的化学功能基团类型和数量的限制。大部分交联反应是通过蛋白质分子中的α-和ε-氨基、亚氨基和巯基的亲核性质实现的。在构成蛋白质的氨基酸中，只有具有极性的氨基酸残基的侧链基团才能进行化学修饰，这些基团的反应性取决于它们的亲核性。很多因素能影响亲核性的大小，这些因素对蛋白质的化学修饰反应会造成较大的影响。根据交联双方蛋白质可利用的功能基团的不同，采用不同的交联剂及交联方法以促使交联反应顺利进行（表4-1）。

表4-1　蛋白质交联可利用的化学功能基团及相应的交联方法
Table4-1　The crosslinking methods of two molecules with different functional groups

蛋白A功能基团	蛋白B功能基团	交联方法
$-NH_2$	$-COOH$	EDAC法；NHS法
$-NH_2$	$-NH_2$	戊二醛法；SPDP法
$-OH$	$-NH_2$	高碘酸钠法；琥珀酸酐法
$-NH_2$	$-SH$	SMCC法
芳香胺	酪氨酸残基	重氮化法

选择化学交联剂时应注意交联剂的长度、对氨基的专一性、交联速度、交联效率、交联键可否切断、是否影响蛋白质构象等。另外，应尽量选择那些反应温和的交联剂，避免引起藻胆蛋白和抗体的生物活性损失。在商品化过程中还需要考虑价格因素。

基于巯基的交联方案：①-SH反应活性基团的获得：使用SPDP交联剂引入-PDT基团（与巯基发生交换反应生成二硫键）；或利用SMCC的马来酰亚胺基团（与巯基发生加成反应生成醚硫键）。②-SH的产生方法：DTT直接还原蛋白质自身的二硫键；或用SPDP或2-IT引入。因此基于巯基的交联交联剂组合SPDP/SPDP-DTT、SPDP/DTT、SPDP/2-IT、SPDP-DTT/SMCC、SMCC/2-IT、SMCC/DTT等理论上都可用于藻胆蛋白-抗体交联，其中SPDP/2-IT、SPDP-DTT/SMCC、SMCC/2-IT组合最好，由于避免使用还原剂DTT，利于保护生物分子的活性。基于交联的量化和可控性，本论文采用SPDP交联剂的液相交联。

2. 荧光染料选择

选择荧光染料应考虑的因素有荧光稳定性、溶解度、光谱叠加程度、非特异性结合、物理尺寸、荧光亮度等。其中荧光亮度是首要考虑因素，它与摩尔消光系数、荧光量子产率和荧光基团多少有关，决定着检测的灵敏度。摩尔消光系数、荧光量子产率为荧光染料的固有特性，交联时不会改变。交联产物所含荧光基团的多少与交联过程密切相关。当然，交联的位点、交联产物的降解及自淬灭也会使交联产物的荧光亮度降低。

3. 交联方法选择

蛋白质交联方法很多，在选择蛋白质交联方法时应考虑产率、产物均一性、交联过程对生物活性影响、交联操作的简便性、交联产物纯化的难易、可重复性等因素。理想的交联反应应该保证交联物得率高、均一性好、结合比适宜、操作简便、重复性好、最大限度保持生物活性。然而，目前还没有一种方法能够同时满足上述需要。因此必须根据交联物的使用要求，权衡不同方法的优缺点来选择合适的交联方法。

对于藻胆蛋白荧光标记抗体的制备，最重要的是同时保持藻胆蛋白的荧光特性和抗体分子的生物活性不受损失，制备组分均一的交联物。

4. 交联反应条件优化

交联反应条件的选择是以交联得率和交联质量为衡量标准的。通过交联反应条件的优化，做到既能获得高的交联效率又能保证交联产物的质量。交联效率和交联质量是一对矛盾体，高交联效率可能会增加非特异性连接的机会。理想的交联比例应该为一分子的藻胆蛋白与一分子的抗体交联。交联效率提高时，统计结果显示交联物的分子比例除1∶1外出现了1∶3甚至更高比例的交联物。

（1）交联剂浓度：一般情况下，交联剂的浓度越高，越有利于提高交联效率。但过高浓度的交联剂可能会影响藻胆蛋白的荧光特性或抗体的免疫活性，从而降低荧光检测的灵敏度。所以应对交联剂的适宜浓度范围进行筛选，使藻胆蛋白的荧光特性损失不大，抗体的生物活性能有效保持。交联浓度和摩尔比与交联的对象和交联剂的种类有关。

（2）摩尔比：摩尔比对交联效率和交联质量影响较大，其中交联剂与藻胆蛋白的摩尔比、交联剂与抗体的摩尔比、藻胆蛋白与抗体的摩尔比。通过对交联摩尔比的优化，使交联度最高。通常情况下，衍生的PDT基团和巯基化的抗体的摩尔比为1∶1或质量比为1.5∶1。Molecular Probes推荐的蛋白交联摩尔比：当蛋白质分子量≥100000Da时，每个蛋白分子衍生1.5~3个硫醇时适宜于交联形成最小的复合物，建议SPDP/蛋白质摩尔比为5∶1（蛋白质浓度为5~15 mg/mL）或10∶1（蛋白质浓度为1~4 mg/mL）；而当蛋白质分子量<100kDa时，每个蛋白分子衍生硫醇数量应降低，因此SPDP/蛋白质摩尔比也应减少。SPDP衍生物4℃可以保存2周，而SMCC的衍生物不稳定，SMCC衍生物3小时内必须交联，所以SMCC/蛋白质的摩尔比应大于SPDP/蛋白质的摩尔比。当蛋白质分子量≥100kDa时，SMCC/蛋白质摩尔比为10∶1（蛋白质浓度为5~15 mg/mL）或20∶1（蛋白质浓度为1~4 mg/mL）；而当蛋白质分子量<100kDa时，摩尔比应减少。蛋白质–PDP衍生物与蛋白质–SH的摩尔比为1∶1。而RPE–SMCC衍生物与蛋白质–SH的摩尔比为1∶1，APC–SMCC衍生物与蛋白质–SH的摩尔比为2∶1。具体的摩尔比应根据蛋白质的纯度、浓度而进行调整。

（3）pH值：pH值是化学修饰中最重要的一个反应条件，它决定功能基团的离子状态是否可以反应。一般情况下，增加pH可提高反应速率，反之则降低反应速率。反应活性高的交联剂可以在生理pH值下与蛋白质交联，而反应活性低的交联剂通常需要较高的pH值。化学交联的专一性对应一个优化pH值。

（4）温度：温度影响巯基的微环境，选择恰当温度可以减少或防止一些基团的竞争反应。对于热敏性蛋白质，交联反应应控制在较低的温度下进行，反应时间适当延长。

（5）反应介质：反应介质可改变蛋白质的构象或封闭反应部位，影响交联。有机溶剂能使多数蛋白质变性，应注意有机溶剂的用量。反应条件应温和，防止蛋白质变性。

4.1.4　交联质量的评价

交联质量可以从交联物的均一性（结合比、平均分子质量）、荧光亮度、免疫活性、稳定性、交联得率等方面来衡量。

结合比计算：对于蛋白质结合产物，首先要测定各组分的含量，然后计算组分间的结合比。测定组分含量的方法有：①两种组分的吸收光谱不重合时，可以选择合适的波长来分别测定OD值，计算两组分的摩尔浓度，推算结合比。如藻胆蛋白可以根据可见光区的最大吸光度来计算浓度，而抗体可以根据280 nm的吸光度来计算浓度。②通过SDS–PAGE电泳测定结合物的分子量，推算结合比。

4.1.5 交联产物的分离纯化、保存

偶联效率不可能达到100%，因此偶联反应后必须提纯，将偶联物与未偶联物分离，否则未偶联的具有特异性结合能力的分子将会抢占有效结合位点而降低检测灵敏度。同时由未偶联的藻胆蛋白所造成的附加荧光背景也使灵敏度降低。

交联产物的分离纯化方法有HPLC、FPLC、凝胶过滤（如S300）、离子交换层析、羟基磷灰石层析、亲和层析、透析、硫酸铵沉淀、超滤法等。在提纯藻胆蛋白与大分子的偶联产物时，凝胶过滤为有效手段。羟基磷灰石和离子交换层析在偶联物纯化中也极为有用。1983年Glazer用羟基磷灰石层析柱纯化BPE-APC的级联体，BPE-APC交联体与柱的亲合力介于BPE、APC之间，交联体得以从反应混合物中分离。在分离藻胆蛋白与小分子物质（如药物、激素等）的偶交联物时，可联合使用亲和层析与凝胶过滤。凝胶过滤可除去未偶联的小分子，而亲和层析可去除多余的藻胆蛋白。

纯化后的共价偶联物一般性质较稳定，可以在中性缓冲液中4℃避光保存，不能冷冻。当交联物浓度≤1 mg/mL时，应该添加1~10 mg/mL的BSA、明胶或其他蛋白质作为稳定剂，条件许可时可加入防腐剂。

藻胆蛋白与抗体交联成藻胆蛋白荧光探针，方能用于荧光免疫检测。藻胆蛋白荧光探针的灵敏度和特异性取决于藻胆蛋白、抗体及其交联物的质量。藻胆蛋白和抗体交联的关键是获得高得率的交联产物同时避免藻胆蛋白的荧光特性和抗体的免疫学活性损失过多。藻胆蛋白与抗体的交联属于蛋白质交联的范畴，原则上适用于蛋白质交联的交联剂和方法都适用于它们之间的交联。

蛋白质交联时应考虑产率、产物均一性、交联对生物活性影响、交联操作的简便性、交联产物纯化的难易、重复性等因素。理想的交联反应获得的交联物得率高，均一性好，结合比适宜，同时最大限度保持生物活性，而且操作简便、重复性好。然而，目前还没有一种方法能够同时满足上述条件。因此必须根据交联物的使用目的，权衡不同方法的优缺点来选择合适的交联方法。交联试剂以及交联反应的途径。对于交联物的产率和质量是至关重要的，因此交联时应根据交联对象的特点，选取适宜的交联试剂，合理设置交联方案，优化交联反应过程。

蛋白质中可用于交联的活性功能基团有游离氨基（如赖氨酸中的ε-氨基或末端氨基）、游离羧基（天冬氨酸残基，谷氨酸残基及末端羧基）、

巯基（半胱氨酸）等。藻胆蛋白分子表面含有大量的赖氨酸残基（如一分子BPE含85个赖氨酸残基，一分子APC含36个赖氨酸残基）。藻胆蛋白的交联反应主要利用其表面的赖氨酸残基的ε-氨基（Glazer & Stryer，1983a；Kronick，1986；Glazer，1994）。

蛋白质分子中通常没有巯基反应活性基团，因此巯基反应具有较好的选择性，在一定程度上避免了相同分子间的聚合，而且通过定量引进巯基及巯基反应活性基团，可以实现控制交联，得到化学专一性和生物专一性更好的交联产物。巯基反应偶联可用于藻胆蛋白与抗体的交联，形成藻胆蛋白标记抗体。巯基可以通过二硫键交换反应形成二硫键，或通过马来酰亚胺基上双键的加成反应形成醚硫键，实现藻胆蛋白-抗体的交联。

抗体IgG分子含有多个链间和链内二硫键，使用适宜浓度的DTT理论上可以有限还原重链间的二硫键产生巯基，不至于破坏抗体结合位点。采用SPDP、3-巯基-丙酰亚胺甲酯或2-IT试剂在抗体上引入外源巯基，能避免抗体活性的降低。不管采用哪种途径产生巯基，都要尽可能地保持抗体活性，而且使巯基产生部位远离藻胆蛋白结合位点，防止因藻胆蛋白标记带来的空间位阻造成藻胆蛋白抗体无法结合。

使用异型双功能交联剂进行藻胆蛋白与抗体交联，不会形成藻胆蛋白或抗体自身的聚合物，减少或避免了自身聚合和交叉聚合，保证了交联产物的均一性。SPDP是常用的异型双功能交联剂，能够在蛋白质分子上引入巯基且能方便地测定其含量。SPDP交联原理为：SPDP分子一端的琥珀酰亚胺酯能够与一种蛋白分子的游离氨基反应，向该蛋白质中引入吡啶二硫基（PDT），形成该蛋白质的SPDP衍生物；另一端的2-吡啶基团是一个很好的离去基团，极易受另一种蛋白分子所含巯基的攻击而解离，两个蛋白分子通过巯基-二硫键交换反应形成二硫键从而连接起来（Carlsson et al.，1978；Cumber et al.，1985；王世中，乔梅，1985）。SPDP在蛋白质上引入的吡啶二硫基能够在还原剂DTT的还原下形成硫醇基。

为使大分子荧光物质藻胆蛋白（PBP）有效地与巯基化的抗体交联形成荧光标记抗体，首先需在妥善保存PBP荧光特性的基础上，在PBP上引入PDT基团，形成PBP-PDT衍生物。SPDP的用量可能会影响PBP的荧光性质或引入PDT基团的数量。因此需对SPDP活化作用的浓度进行优化，既要避免活化反应对PBP荧光性质的损害，又要有利于交联产物形成，获得较理想的荧光标记抗体。

4.2　藻胆蛋白与抗体的交联研究

4.2.1　材料与方法

1. 抗体

鸡抗NDV、AIV、IBV血清多克隆抗体和猪抗PRRSV、HCV、PCV-2血清多克隆抗体均为高免动物血清。NDV、AIV、IBV血清多克隆抗体为阴离子交换层析纯化，-20℃保存。PRRSV、HCV、PCV-2血清多克隆抗体为亲和层析纯化，-20℃保存。羊抗鸡抗体、兔抗猪抗体购自晶美公司。

2. 藻胆蛋白

RPE由多管藻分离纯化，APC由钝顶螺旋藻分离纯化，纯度达电泳纯，60%硫酸铵沉淀4℃避光保存。交联时用50 mM pH值为7.5 PBS充分透析除盐，调整浓度为5~10 mg/mL。

3. 纯化介质和试剂

蛋白A/G亲和层析试剂盒，Pierce公司生产。
DEAE Sepharose Fast Flow阴离子胶，Amersham生产。
SPDP、DTT、NEM、DMSO、Ellman's试剂（DTNB）、半胱氨酸，均购自Sigma公司。

4. 主要器材

高效液相色谱系统：日本Shimadzu液相色谱工作站，Shimadzu LC-10A高效液相色谱仪，检测器为SPD-M10Avp型，蠕动泵为LC-10AS型，处理软件Class-VP6.12。液相柱型号TSK G3000sw（规格7.5 mm × 60 cm），流动相为50 mM pH值为 7.5 PBS，流速0.5 mL/min，检测波长190~800 nm。

阴离子交换层析系统：分离介质DEAE Sepharose Fast Flow，层析柱（3.8 cm × 20 mm），由上海华美试验仪器厂生产。蠕动泵：DDB-300电子蠕动泵，上海立信仪器有限公司生产。核酸检测仪：型号HD21C-A，上海康华生化仪器制造有限公司生产。台式记录仪：型号LM17-1A，上海康华生化仪器制造厂生产。自动部分收集器：BSZ-100，上海康华生化仪器制造有限公司生产。梯度混合仪：TH-300，上海沪西分析仪器厂生产。层析实验冷柜：YC-1，北京博医康技术公司生产。

紫外-可见分光光度计：UV/VIS-550，日本Jasco公司生产。

荧光光度计：FP-5100，日本Jasco公司生产。

离心机：型号580R，Eppendorf公司生产。

透析袋（截留分子量14 kDa）、层析柱，购自试剂公司。

超滤离心管：Amicon系列，截留分子量10 kDa，Millipore公司生产。

5. 抗体纯化

（1）禽血清抗体的纯化。

1）采用先硫酸铵分级沉淀，然后阴离子交换层析纯化。

2）血清离心去沉淀，加等体积的生理盐水，边搅拌边加入研磨的$(NH_4)_2SO_4$粉末，使饱和度达到20%，充分混合后，4℃静置4 h以上，离心，弃沉淀，以除去纤维蛋白。

3）上清液中继续加入$(NH_4)_2SO_4$，使饱和度达到50%，4℃静置4 h以上，离心，沉淀用原体积的生理盐水重溶。

4）沉淀重溶液用饱和度33%的$(NH_4)_2SO_4$沉淀，除去白蛋白。该步骤需重复2~3次。

5）用1/2原体积的生理盐水溶解沉淀，在0.01 M pH 7.4 PBS中4℃透析除盐，或过Sephadex-G25柱层析除盐。

6）透析液离心去沉淀，上清液即为粗提IgG（即γ球蛋白）。再经阴离子交换层析纯化。

7）DEAE-Sepharose Fast Flow层析柱用0.01 M pH值为 7.4 PBS预平衡。将禽多克隆抗体透析样品上样，用3倍柱体积的平衡液冲洗后，用0~0.05 M NaCl梯度洗脱，收集洗脱液。检测纯化抗体的纯度和免疫活性。

（2）猪血清抗体的亲和层析纯化。

1）按照亲和层析试剂盒的操作说明进行猪血清抗体的亲和层析纯化。

2）取血清加入2倍体积的binding buffer，混匀，离心，取上清，待亲和层析。

3）用5 mL binding buffer平衡亲和层析柱，上样，用10~15 mL binding buffer冲洗，然后用elution buffer洗脱，收集洗脱液，直至OD_{280}为0。

4）用binding buffer冲洗亲和柱，可以反复使用10次左右。

（3）IgG浓度测定。采用比色法测定纯化的抗体浓度，计算得率。

（4）IgG纯度鉴定。SDS-PAGE电泳法和HPLC法。

（5）抗体的效价检测。采用微量血凝-血凝抑制法（HA-HI）测定抗体效价。

（6）IgG的浓缩与保存。抗体超滤浓缩至浓度达1%以上，分装成小瓶，–20℃冷冻保存。防止反复冻融。

6. 巯基标准曲线法计算巯基含量

（1）巯基含量的测定原理。蛋白巯基含量的测定采用DTNB法。Ellman's试剂5,5'–二硫代–（2–硝基苯甲酸）（DTNB）中的两个DTNB基团由二硫键相连。在自由巯基存在时，Ellman's试剂被还原释放生色物质5–硫–2–硝基苯甲酸酯（TNB），见反应式：DTNB + SH–R→R'+TNB，式中SH–R为待测样品（含巯基蛋白），R'为相应的反应产物。DTNB在pH值为8时呈黄色，TNB阴离子的黄色可通过测定412 nm处的光吸收来定量。由反应式可知，以过量的Ellman's试剂处理半胱氨酸溶液后，一个自由巯基对应产生一个TNB分子，因此可通过TNB的定量分析得出待测样品中的自由巯基含量。

（2）测定方法。半胱氨酸是含自由巯基的氨基酸，半胱氨酸溶液中自由巯基基团的摩尔浓度与溶液的摩尔浓度相对应。因此估算样品溶液的巯基含量，设定一个恰当的半胱氨酸浓度范围，使样品巯基浓度位于标准曲线线性区间内，可以通过绘制巯基含量标准曲线，测定样品光吸收值并对应求出巯基含量。

精确称量半胱氨酸，用0.1 mol/L pH 8 PBS配制浓度为10、20、30、40、50、60、70、80、90、100μM的半胱氨酸溶液和浓度为4 mg/mL的DTNB试剂。每管加入500 μL半胱氨酸标准溶液和100 μL DTNB试剂，混匀后，室温静置作用15 min。412 nm处测定上述反应液的吸光值。以各标准溶液的半胱氨酸浓度（对应于溶液中巯基含量）为横坐标，OD_{412}为纵坐标，绘制标准曲线。

7. SPDP在RPE上定量引入PDT基团计算

蛋白质上PDT取代基数量的计算原理：SPDP与蛋白质分子的氨基反应，向该蛋白质中引入吡啶二硫基（在343 nm有光吸收），吡啶二硫基被DTT还原产生硫醇基，同时释放pyridin-2-thione，充分反应后其释放量与结合在蛋白质上的2–PDT相等，根据朗伯–比耳定律，可计算结合的PDT的量。由于2–PDT在280 nm也有光吸收，所以应对蛋白浓度进行校正。A_{280}（校正）＝A_{280}-（B×5.1×10³）。2–PDT的$\triangle \varepsilon_{343}$ = 8.08×10³ M⁻¹cm⁻¹，B为2–PDT的克分子数，B=A_{343}/（8.08×10³）。抗体的摩尔数＝A_{280}（校正）/1.4/160000。SPDP/Ab＝B/Ab的摩尔数。

操作步骤：每管加入3.5 mg/mL 的RPE溶液500 μL，然后分别加入20 μl 不同浓度的SPDP溶液，使每管中SPDP/RPE的摩尔比分别为20∶1、50∶1、100∶1、150∶1、200∶1、300∶1。混匀后，外裹锡箔纸，23℃150 rpm 活化反应。反应进行0.5、1、1.5、2、3、5 h，分别从各管取样50 μL，离心超滤去除游离的SPDP，并用50 mM pH值为 7.5 PBS调整体积至1000 μL（20x）。每管加入50 μL DTT（100 mM，PBS配制），静置10 min，测定343 nm处吸光度。由于RPE自身在343 nm处有吸光度，故应对343 nm所测吸光度值进行校正。带入公式，取代基团数=［(A343-0.115)×稀释倍数］/（8.08×1000）/0.175/24000，计算取代基团数。

8. DTT还原抗体产生–SH及其对抗体效价影响

每管加入适当浓度的纯化的NDV抗体溶液0.5 mL和一定体积的DTT溶液（100 mM，PBS配制），使DTT和抗体的最终摩尔比分别为10、20、40、100、200、300、400，充分混匀，室温静置作用1 h，离心超滤去除多余的DTT，调整为原体积，每管平均分成两管，一管用来测定巯基浓度，一管用来测定抗体效价。

取250 μL Ab–SH溶液，加入60 μL DTNB溶液（PBS配制，4 mg/mL），混匀，室温静置作用15 min，测定412 nm的吸光度，计算–SH的浓度。

取250 μL Ab–SH溶液，96孔微量反应板上进行血凝–血凝抑制试验测定抗体效价。

9. DTT还原RPE-PDT产生–SH及其对RPE荧光影响

取5.5 mg/mL的RPE溶液1000 μL，加入20 μL SPDP溶液，使SPDP/RPE的摩尔比为200∶1。混匀后，外裹锡箔纸，23℃150 rpm 活化反应1.5 h，离心超滤去除游离的SPDP，并用50 mM pH值为 7.5 PBS调整至原体积。分成10管，每管100 μL，分别加入20 μL DTT（PBS配制），使DTT与RPE的摩尔比分别为0、10、50、100、150、200、300、400，混匀，室温静置作用1 h，超滤离心去除多余的DTT，稀释10倍。等量分成两部分，一部分用于测定荧光强度，一部分用于计算巯基含量。计算巯基含量时，每管加入80 μL DTNB溶液（4 mg/mL），混匀，室温静置15 min，测定412 nm吸光度。参照巯基标准曲线，计算巯基浓度。

10. PDT和–SH摩尔比对交联物得率影响

取5.5 mg/mL 的RPE溶液1000 μL，加入20 μL SPDP溶液，使SPDP/RPE的摩尔比为200∶1。混匀后，外裹锡箔纸，23℃ 150 rpm 活化反应1.5 h，

离心超滤去除游离的SPDP，并用50 mM pH值为7.5 PBS调整至原体积。

取5 mg/mL透析的NDV纯化抗体，加入20 μL DTT溶液（100 mM，PBS配制），使DTT和抗体的最终摩尔比为100，充分混匀，室温静置作用1 h。用离心超滤管超滤去除多余的DTT，调整为原体积。

分别计算PDT和-SH基团的浓度，按PDT和-SH基团的摩尔比分别为3：1、2：1、1：1、1：2、1：3混合，22℃摇荡作用20 h，交联结束，加入NEM封闭残余巯基。交联产物经HPLC分析交联得率。

11. 藻胆蛋白-抗体（抗抗体）交联

交联策略：使用SPDP交联剂分别在RPE、APC、抗体（抗抗体）上衍生PDT基团，用DTT还原Ab-PDT产生游离-SH，用Ab-SH分别与APC-PDT、RPE-PDT交联，产生RPE-Ab、APC-Ab交联物。

交联步骤：

（1）蛋白质衍生：SPDP溶解于无水DMSO配制成母液，现配现用。SPDP与蛋白质的摩尔比为50：1~100：1。铝箔封好后于室温旋转反应2 h，生成衍生化的蛋白。将衍生化的蛋白过G25柱、超滤或透析，除去多余的SPDP。

（2）引入巯基：DTT溶解于PBS，配制成1 M母液，DTT/Ab摩尔比为100。充分混匀后，室温静置反应1 h。过脱盐柱、超滤或透析，除去多余的DTT。巯基不稳定，3 h内要交联。

（3）交联：调整Ab-HS与PBP-PDT的摩尔比为2：1，铝箔封好后于23℃振荡反应20 h。

（4）封闭多余巯基：NEM溶解于无水DMSO中制成10 mg/mL 母液。现配现用，一定要完全溶解。NEM与-SH摩尔比应大于20。铝箔封好后于室温旋转反应60 min，使多余巯基封闭。反应中的NEM不用除去。

（5）交联物的纯化与存储：利用HPLC对交联物进行分离纯化。将交联物于存储缓冲液中透析后保存于冰箱4℃保存，加防腐剂0.02%叠氮化钠。

12. 交联产物鉴定

（1）光谱检测：交联产物经HPLC纯化后，测定吸收光谱和荧光光谱。

（2）电泳检测：纯化的交联产物在Bio-RAD垂直板不连续电泳系统上进行SDS-PAGE分析，浓缩胶5%，分离胶12.5%。恒压电泳，电压为218 V。

（3）抗体效价检测：采用微量血凝-血凝抑制法检测交联产物的抗体活性。

（4）电镜观察：以RPE标记的抗NDV抗体探针为材料，以2%磷钨酸负染，透射电镜下观察交联物的大小和一致性。

13. 藻胆蛋白荧光探针的稳定性

藻胆蛋白荧光探针（RPE-Ab、APC-Ab）探针经HPLC纯化，加入叠氮化钠，4℃避光保存。每隔一段时间测定一次吸收光谱、荧光光谱和抗体效价。

4.2.2 结果与分析

1. 抗体纯化结果

（1）禽血清抗体的纯化。SDS-PAGE结果表明，禽血清抗体经硫酸铵沉淀和阴离子交换层析后杂带很少，主要为H、L链（图4-5）。血清抗体效价为10 Log2，硫酸铵沉淀纯化的抗体效价为9 Log2，阴离子交换层析纯化抗体的效价为6 Log2。

HPLC分析结果，阴离子交换层析纯化鸡IgG的出峰时间为26.129 min，纯度为91.21%，如图4-6（a）所示。

（2）猪抗体亲和层析纯化。HPLC分析结果，亲和层析纯化的猪血清多克隆抗体纯度达96.55%，出峰时间为27.282 min，20.923 min出现一个杂峰。SDS-PAGE表明，亲和层析纯化的IgG基本达到电泳纯（图4-6）。

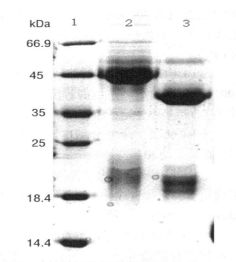

图4-5 抗体SDS-PAGE结果（1, Marker; 2, 纯化NDV抗体; 3, 纯化PRRSV抗体）

Fig. 4-5 SDS-PAGE of purified antibody（1, marker; 2, purified anti-NDV antibody; 3, purified anti-PRRSV antibody.）

免疫标记和免疫检测使用的抗体必须经过纯化。纯化的方法有辛酸法、硫酸铵沉淀法、凝胶色谱法、离子交换法、亲和层析法等。多数情况

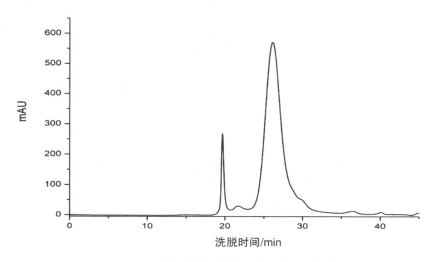

（a）阴离子交换层析纯化NDV抗体

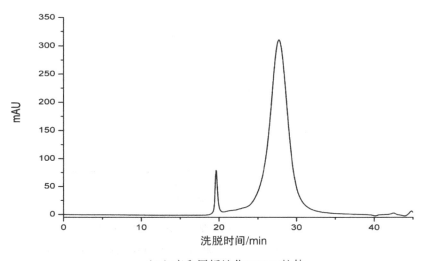

（b）亲和层析纯化PRRSV抗体

图4-6 纯化NDV抗体的HPLC分析结果

Fig4-6 HPLC of anti-NDV antibody purified by anion-exchange chromatography
（A）and anti-PRRSV antibody purified by affinity chromatography（B）

下要采用两种以上方法相结合来提高纯度，如硫酸铵盐析和层析法联用。硫酸铵分级沉淀可用于血清多克隆抗体的初步纯化，先用55%饱和度的硫酸铵沉淀球蛋白，再用33%饱和度的硫酸铵沉淀IgG，重复三次以上即可得到较纯的IgG。亲和层析法纯化抗体具有纯度高、快捷、特异等特点，是抗体纯化的首选方法。单克隆抗体、非禽类的血清多克隆抗体最好使用亲和层析法纯化。家禽的血清多克隆抗体，与蛋白A、G结合力非常弱，只能采用传统的纯化方法。

2. 巯基标准曲线的建立

标准曲线如图4-7所示。游离巯基含量与OD_{412}之间得关系为：$y=0.0166x$，其中x代表半胱氨酸溶液的浓度（μM），y代表释放的TNB阴离子的吸光值。根据412 nm的光吸收值，计算溶液中游离巯基的摩尔浓度。

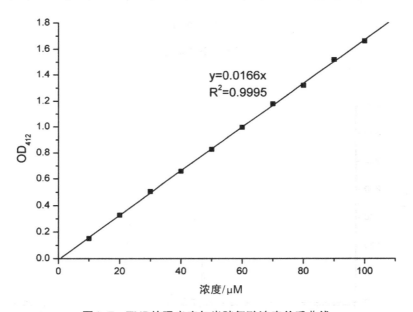

图4-7　TNB的吸光度与半胱氨酸浓度关系曲线

Fig 4-7　Absorbance of TNB at different concentrations of cysteine

3. SPDP活化RPE定量引入PDT基团

将RPE倍比稀释后测定吸光度，绘制浓度与吸光度关系曲线（图4-8）。

$\varepsilon_{565}/\varepsilon_{343}=A_{565}/A_{343}=8.2/0.7886=10.398$

校正系数$=A_{565}/10.398$

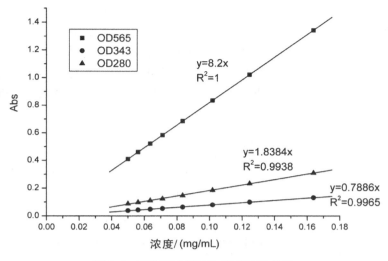

图4-8　藻红蛋白浓度与吸光度的关系

Fig 4-8　The absorbance of RPE in different concentrations

$$A_{343}（校正）=A_{343（RPE-PDT）}-0.115$$

测得SPDP衍生RPE形成的RPE-PDT的A_{343}值，代入上述公式，计算A_{343}（校正）值，再代入公式，计算各取样时间的平均取代基团数，以反应时间为横坐标，以平均取代基团数为纵坐标作图（图4-9）。

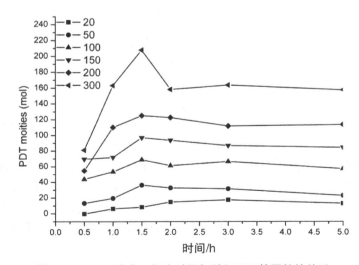

图4-9　SPDP浓度、衍生时间与引入PDT基团数的关系

Fig 4-9　The concentration of PDT moities at different reaction time and concentration of SPDP

在活化1.5 h内，PDT基团数随着时间而增加，1.5 h后达到最大值，然后维持相对稳定。所以交联反应的活化时间以1.5~2 h为宜。

不同SPDP/RPE摩尔比对PDT引入基团数影响较大。随着摩尔比的加大，引入PDT基团数相应增加。但是较大的SPDP浓度（大于400）会引起蛋白质沉淀变性。因此为节省试剂并引入较多PDT基团，SPDP/RPE摩尔比以100~200为宜。

4. DTT还原抗体产生-SH

DTT还原抗体产生-SH的产量随着DTT的摩尔比增加而增加。当DTT/Ab摩尔比达到200时-SH产量达到最高，随后开始下降（表4-2）。

表4-2　DTT摩尔比与产生巯基关系

Table 4-2　The yield of -SH into antibody treated with different molar ratios of DTT

DTT/Ab摩尔比（Molar ratio）	0	10	20	40	100	200	300	400
OD_{412}	0.020	0.299	0.602	1.107	2.764	3.342	3.336	3.309
-SH（uM）	1.22	18.01	36.24	66.67	166.49	201.33	200.98	199.36

5. DTT对抗体效价影响

在DTT/抗体的摩尔比为10~300时，DTT还原抗体产生-SH对抗体的效价基本没有影响，维持在5 Log2水平（表4-3）。

表4-3　DTT摩尔比与抗体效价关系

Table 4-3　The bioactivity of antibody teated with different molar ratios of DTT

DTT/Ab摩尔比（Molar ratio）	0	10	20	40	100	200	300	400
HI 抗体效价（Log2）	6	5	5	5	5	5	5	4

免疫球蛋白分子含有多个链间和链内二硫键，控制DTT的工作浓度，有可能实现二硫键的有限还原，即DTT只打开重链间的二硫键，将一个抗体分子分成两个半抗体分子，每个半抗体分子含一个藻胆蛋白结合位点和一个的自由巯基。在此反应中，DTT远离藻胆蛋白结合位点并保持了抗体活性。但当DTT浓度过高时，DTT可还原IgG分子内所有的二硫键，并使亚基分离，从而失去抗体结合藻胆蛋白的活性。

6. DTT还原RPE-PDT产生-SH

DTT还原RPE-PDT引入-SH的产量随着DTT的摩尔比增加而增加。当

DTT/Ab摩尔比达到300时–SH产量达到最高，随后开始下降（表4–4）。

表4–4 DTT摩尔比与SPDP引入RPE的–SH数量关系

Table 4–4 The yield of –SH introduced into RPE treated with different molar ratios of DTT

DTT/RPE–PDT摩尔比（Molar ratio）	0	10	50	100	150	200	300	400
OD_{412}	0.063	0.201	0.716	1.252	1.581	2.687	3.216	3.189
–SH（uM）	3.79	12.10	43.13	75.40	95.22	161.85	193.71	192.14

7. DTT对RPE–PDT荧光强度影响

DTT还原RPE–PDT引入–SH对RPE的荧光强度基本没有影响（表4–5）。

表4–5 DTT摩尔比与RPE相对荧光强度关系

Table 4–5 Relative fluorescence intensity of RPE treated with different molar ratios of DTT

DTT/RPE–PDT摩尔比（Molar ratio）	0	10	50	100	150	200	300	400
荧光强度Fluorescence intensity	116.27	119.76	110.21	126.96	131.26	141.55	143.07	139.89

8. PDT和–SH摩尔比对交联产物得率影响

通过HPLC分析交联物洗脱峰的面积比来确定交联度。由表4–6结果可见，RPE–PDT:Ab–SH的最佳比例为1：2。

表4–6 PDT和–SH交联摩尔比与产物得率关系

Table 4–6 The yield of conjugates in different molar ratios of PDT and SH

RPE–PDT/Ab–HS摩尔比（Molar ratio）	3：1	2：1	1：1	1：2	1：3
交联得率Yield of conjugation	6.99%	20.59%	29.76%	87.43%	49.33%

IgG有4个α–氨基和50多个ε–氨基，其氨基的取代尤其是ε–氨基的取代将会影响活性（Cohen and Porter，1964）。原则上给IgG偶联多一些PBP可能较好，但不宜过多，否则将会大大影响IgG的生物学活性。

9. 藻胆蛋白–抗体交联物检测

（1）HPLC分析

APC–标记抗体经HPLC分析出现2个洗脱峰，主峰出现在19.4 min，为APC–抗体交联物，27 min出现过量的APC的洗脱峰，如图4–10（a）所示。RPE–标记抗体经HPLC分析表明，交联度接近100%，19.4 min出现洗脱峰，

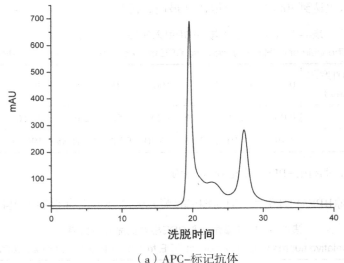

（a）APC-标记抗体

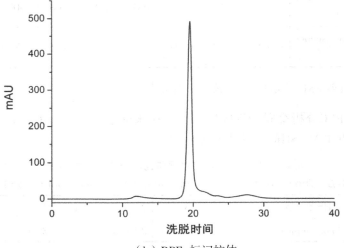

（b）RPE-标记抗体

图4-10　APC-标记抗体、RPE-标记抗体的HPLC洗脱图

Fig. 4-10　HPLC of RPE or APC labelled antibody

如图4-10（b）所示。

（2）光谱检测。APC-抗体交联物在280 nm处的吸光度比APC明显提高 ［图4-11（a）、（b）］。RPE-抗体交联物在280 nm处的吸光度比RPE明显提高 ［图4-11（c）、（d）］。藻胆蛋白标记抗体的荧光光谱与藻胆蛋白对照无明显变化 ［图4-11（e）、（f）］。

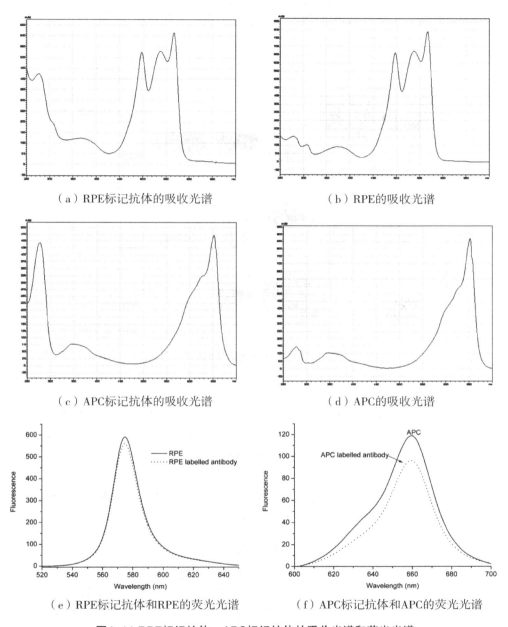

（a）RPE标记抗体的吸收光谱　　　　　　（b）RPE的吸收光谱

（c）APC标记抗体的吸收光谱　　　　　　（d）APC的吸收光谱

（e）RPE标记抗体和RPE的荧光光谱　　　　（f）APC标记抗体和APC的荧光光谱

图4-11 RPE标记抗体、APC标记抗体的吸收光谱和荧光光谱

Fig. 4-11　Absorption and fluorescence spectra of RPE or APC labelled antibody

（3）电泳检测。藻胆蛋白–抗体交联物SDS-PAGE发现既具有藻胆蛋白的亚基条带，又具有抗体的H、L链条带，表明交联成功（图4-12）。

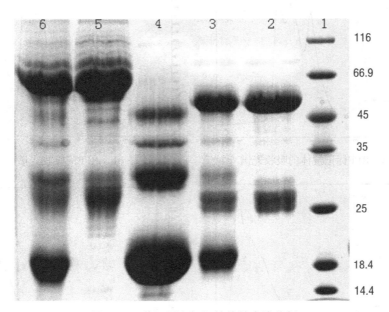

图4-12　藻胆蛋白标记抗体的电泳分析

（1，Marker；2，PRRSV纯化抗体；3，RPE-PRRSVAb交联物；4，RPE；5，NDV纯化抗体；6，RPE-NDVAb交联物）

Fig. 4-12　SDS-PAGE electrophoresis of phycobiliprotein labelled antibody

（1，Marker；2，purified PRRSV antibody；3，RPE labelled anti-PRRSV antibody；4，RPE；5，purified NDV antibody；6，RPE labelled anti-NDV antibody）

（4）抗体效价检测。对交联物进行抗体效价检测，交联物具有抗体效价，表明抗体的生物学活性仍然保留，而且交联成功（表4-7）。

表4-7　交联物抗体效价检测

Table 4-7　Bioactivity of antibody labelled with phycobiliproteins

生物活性 Bioactivity（HI）	抗NDV抗体 Anti-NDV antibody	抗AIV抗体 Anti-AIV antibody
RPE labelled antibody	4 Log2	4 Log2

（5）交联物的电镜观察。透射电镜下观察交联物大小较均一，大小约为30nm。电镜结果如图4-13所示。

图4-13 RPE标记抗NDV抗体探针的电镜图（190000×）

Fig. 4-13 Electron microscope of RPE labelled anti-NDV antibody

（190000×）

（6）藻胆蛋白荧光探针的稳定性。以RPE标记抗NDV抗体探针为例，低温保存150天内，最大吸光度随着保存时间推移而缓慢降低［图4-14（a）］。同样，探针的相对荧光强度随着保存时间推移而缓慢降低，但在开始的60天荧光强度变化不大［图4-14（b）］。

（7）抗体效价。藻胆蛋白-抗体交联物4℃保存60天内，抗体效价保持不变；保存60天后，抗体效价随着保存时间延长而缓慢降低。结果见表4-8。

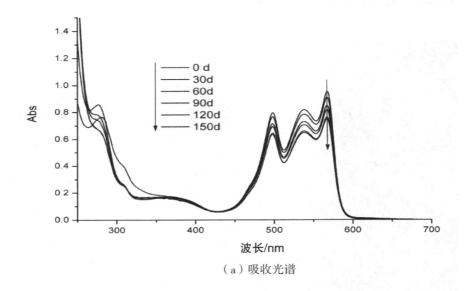

（a）吸收光谱

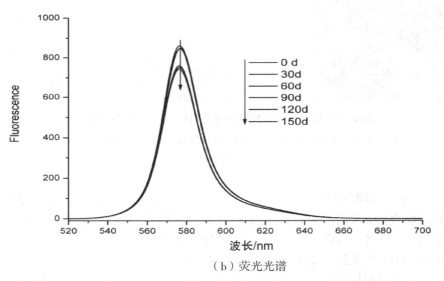

（b）荧光光谱

图4-14　RPE-NDV抗体交联物不同保存时间的吸收光谱和荧光光谱

Fig 4-14　Absorption and fluorescence spectra of RPE labelled antibody at different time

表4-8　藻胆蛋白-抗体交联物抗体效价与保存时间关系

Table 4-8　The bioactivity of phycobiliprotein labelled antibody at different time

生物活性Bioactivity（HI）	0d	30d	60d	90d	120d	150d
RPE标记NDV抗体 RPE labelled anti-NDV antibody	4log2	4log2	4log2	3log2	3log2	3log2
RPE标记抗AIV抗体 RPE labelled anti-AIV antibody	4log2	4log2	3log2	3log2	3log2	3log2

4.2.3　结论

　　SPDP是一种常用的异型双功能交联剂，因能方便地测定引入吡啶二硫基含量而被广泛应用于蛋白质交联中。SPDP引入蛋白质的PDT基团数随着交联剂与蛋白质的摩尔比的增加而增加，但SPDP浓度的增加又会降低藻胆蛋白的荧光特性，因此必须筛选出一个适宜的浓度范围。研究发现SPDP/蛋白质的摩尔比为50~100时即可引入一定数量的PDT基团，同时对藻胆蛋白的荧光特性影响较小。

　　交联剂、DTT、PDT基团与巯基基团的摩尔比是影响藻胆蛋白与抗体交联的最重要的因素。研究发现，在SPDP/蛋白质摩尔比为50~100、DTT/蛋白质为100、PDT/SH摩尔比为1：2时藻胆蛋白与抗体交联度最高。通过交联条件的优化可高效制备各种藻胆蛋白荧光标记抗体（抗抗体）探针，为藻胆蛋白荧光检测奠定基础。

　　HPLC、光谱、电泳、抗体效价检测等手段可用来表征藻胆蛋白标记抗体是否成功。

　　藻胆蛋白与抗体交联技术是研制藻胆蛋白荧光探针的核心技术，决定着探针的质量和荧光检测的灵敏度，这方面的资料较少，未见系统研究的报道。我们掌握了藻胆蛋白与抗体高效交联技术和藻胆蛋白的低成本纯化技术，使藻胆蛋白荧光抗体探针的研制成本显著降低，使藻胆蛋白荧光探针的国产化和普及应用成为可能。构建的藻胆蛋白标记抗体探针稳定性较好，4℃保存60天，荧光特性和抗体活性不降低，随后开始缓慢降低。

4.3 藻胆蛋白FRET探针的研制

将两种以上能够发生荧光能量共振转移（FRET）的藻胆蛋白交联在一起构建成更大托克位移的藻胆蛋白荧光级联探针，交联染料可以实现多色荧光分析和提高荧光检测灵敏度。这些复合物的斯托克位移较未交联藻胆蛋白大幅度提高，并且大都发射红色荧光，与生物样品本底短波长荧光区分明显，因而可提高检测的灵敏度。如PE-APC探针，斯托克位移达172 nm。Glazer & Stryer（1983）和Tjioe et al.（2001）构建的BPE-APC探针，能量传递效率达90%。但是，人工构建的FRET探针普遍存在能量传递效率偏低、重复性差的缺点（Telford et al.，2001）。蒋丽金等构建了RPE、RPC、CPC、APC、PEC之间的二联体和三联体PE-PC-APC交联探针（Zhao et al.，1997a，b，1999）。王广策等用戊二醛交联剂制备了RPE-APC、BPE-RPC、CPC-APC系列二联体藻胆蛋白荧光探针（Wang et al.，1996，1997a，b；Ma et al.，2003）。但以上两个小组构建的级联探针的藻胆蛋白间的能量传递效率普遍偏低。烟台大学孙力等制备了稳定化CPC-RPE（Sun et al.，2006）、RPE-APC（Sun et al.，2000）。

藻胆体的分子量为7000~15000 kDa，是含300~800色基的超分子复合物，天然藻胆体内能量传递效率在90%以上，是一种优秀的天然的FRET探针。由于含有更多的色基和斯托克位移更大而成为一种更加明亮的荧光染料。现已有商品化的螺旋藻稳定化藻胆体探针PBXL-3（Zoha，1999）、PEG交联的螺旋藻藻胆体-亲和素探针PBXL-3L（Telford et al.，2001a）、紫球藻藻胆体探针PBXL-1（Cubicciotti，1997）。张熙颖构建了稳定化的钝顶螺旋藻PBS-RPE交联物（张熙颖，2004）。藻胆体探针的灵敏度是APC的几倍，PBXL-1用于检测TSH的灵敏度达6.2×10^{-14} M（Zoha et al.，1998）。

藻胆蛋白-其它染料之间的级联：如RPE-Cy5（Lansdorp et al.，1991；Mujumdar et al. 1993；Waggoner et al.，1993；Sgorbati et al.，2000）、PE-Cy7（Roederer et al.，1996，1997；Baumgarth & Roederer，2000）、APC-Cy7（Roederer et al.，1996，1997；Baumgarth & Roederer，2000）。藻红蛋白与Cy5、Cy7交联后斯托克位移分别为200 nm和300 nm，远远大于藻红蛋白自身80 nm的位移。

荧光能量共振转移（Fluorescence resonance energy transfer，FRET）是1948年Theodor Forster提出的，是指一对合适的荧光物质构成能量供体和受

体对，通过分子间的偶极–偶极作用，将供体激发态能量 hν 传递至受体分子，受体分子通过发射光子 hν'（hν>hν'）而松弛的一种非辐射跃迁的过程。发生 FRET 时，供体和受体分子间距离应小于 10 nm。能量传递的效率和供体的发射光谱与受体的吸收光谱的重叠程度、供体与受体的跃迁偶极的相对取向、供体与受体之间的距离等有关。

藻胆蛋白非常适合作为能量传递的供体、受体。将不同种的藻胆蛋白或藻胆蛋白与小分子的荧光染料（如 FITC、Cy5、Cy7、德克萨斯红等）交联，构建成具有 FRET 特性的复合物，具有更大的斯托克位移，能发射更长波长的荧光或能以更短波长光激发，用于超灵敏荧光检测或荧光多色分析（Roederer et al., 1996, 1997; Tjioe et al., 2001）。同时，不同种的藻胆蛋白间的交联物又是藻胆体或藻胆体杆结构的模型物，有助于研究了解天然藻胆体内或其亚结构内的能量传递机制及其动力学。Glazer 和 Stryer（1983b）首次以 SPDP 交联剂合成了 BPE-APC 交联物，其分子内的能量传递效率达 90%，斯托克位移达 150 nm。国内蒋丽金和王广策等分别合成了一系列不同藻胆蛋白间的二联体、三联体的交联复合物（Zhao et al., 1997a, 1997b, 1999; Wang et al., 1996, 1997a, b; Ma et al., 2003），这些交联体分子内都存在不同藻胆蛋白间的能量传递，但传递效率较低。

4.3.1 材料和方法

（1）藻胆蛋白。RPE 由多管藻分离纯化，APC、CPC 由钝顶螺旋藻分离纯化，纯度达到电泳纯，60% 硫酸铵沉淀 4℃ 避光保存。交联时充分透析除盐，调整至 5~10 mg/mL。

（2）主要试剂。SPDP、DTT、NEM、DMSO 均购自 Sigma 公司。

（3）主要器材。

高效液相色谱系统：日本 Shimadzu 液相色谱工作站，Shimadzu LC-10A 高效液相色谱仪，检测器为 SPD-M10Avp 型，蠕动泵为 LC-10AS 型，处理软件 Class-VP6.12。液相柱型号 TSK G3000sw（规格 7.5 mm × 60 cm），流动相为 50 mM pH 7.5 PBS，流速 0.5 ml/min，检测波长 190~800 nm。

离心机：5804R 型，Eppendorf 公司生产。

超滤离心管：Amicon 系列，截留分子量 10 kDa，Millipore 公司生产。

（4）交联策略和方法。使用交联剂 SPDP 分别在 RPE、APC、CPC 上衍生 PDT 基团，然后在稳定性较高的 RPE 上引入巯基，用 DTT 还原 RPE-PDT 产生游离 -SH，用 RPE-SH 分别与 APC-PDT、CPC-PDT 交联，以产生 RPE-

APC、RPE-CPC交联产物。

SPDP溶解于无水DMSO配制成母液，现配现用。SPDP与PBP的摩尔比为50：1~100：1。铝箔封好后于室温旋转反应2 h，生成衍生化的蛋白。将衍生化的蛋白过G25柱、超滤或透析，除去多余的SPDP。

DTT溶解于PBS，配制成1 M母液，DTT/RPE-PDT摩尔比为100。充分混匀后，室温静置反应1 h。过脱盐柱、超滤或透析，除去多余的DTT。

调整RPE-HS与PBP-PDT的摩尔比2：1。铝箔封好后于23℃旋转反应20 h。

NEM溶解于无水DMSO中制成10 mg/mL母液。NEM与-SH摩尔比应大于20。铝箔封好后于室温旋转反应60 min，使多余巯基封闭。利用HPLC对交联物进行分离纯化。将交联物于存储缓冲液中透析后保存于冰箱4℃保存，加防腐剂0.02%叠氮化钠。

（5）交联产物鉴定

1）光谱检测：测定纯化的交联产物的吸收光谱和荧光光谱。

2）电泳检测：纯化的交联产物经SDS-PAGE分析，浓缩胶5%，分离胶12.5%。Bio-RAD垂直板不连续电泳，218 V恒压电泳。

3）DTT还原试验：在纯化的RPE-APC交联物中加入终浓度为0.5 M的DTT，分别于作用0、10、30、60、90 min测定荧光光谱变化。

（6）藻胆蛋白级联探针的稳定性

RPE-APC探针经HPLC纯化，加入叠氮化钠，4℃避光保存，每隔一段时间测定吸收光谱、荧光光谱和抗体效价。

4.3.2 结果与分析

1. 藻胆蛋白级联探针的光谱检测

RPE-APC交联物在可见光区同时出现RPE和APC的特征吸收峰，用RPE吸收的498 nm光激发时交联产物在660 nm有APC的荧光发射，表明RPE和APC之间有能量传递。RPE-APC交联物用660 nm荧光的激发光谱在655、620、568、540、498 nm处有5个激发峰，与吸收光谱相对应（图4-15），这进一步说明RPE至APC有能量传递。

RPE-CPC交联物在可见光区同时出现RPE和CPC的特征吸收峰，用498 nm激发光激发时交联产物在640 nm有荧光发射峰，而相同浓度的RPE、CPC混合物无此荧光发射峰（图4-16）。这一结果说明交联物中存在RPE至CPC的能量传递，而混合物中则不存在分子间的能量传递。

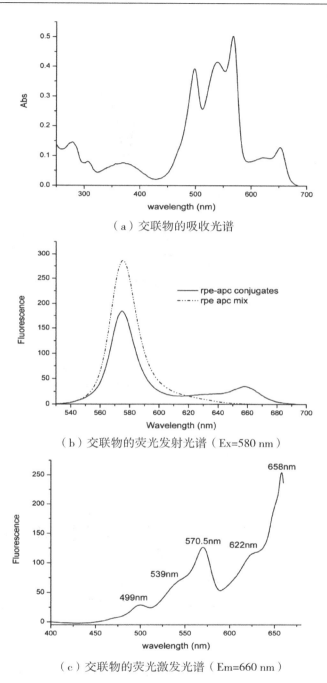

（a）交联物的吸收光谱

（b）交联物的荧光发射光谱（Ex=580 nm）

（c）交联物的荧光激发光谱（Em=660 nm）

图4-15　RPE-APC交联物的吸收、荧光光谱

Fig 4-15　Absorption and fluorescence spectra of RPE-APC conjugates

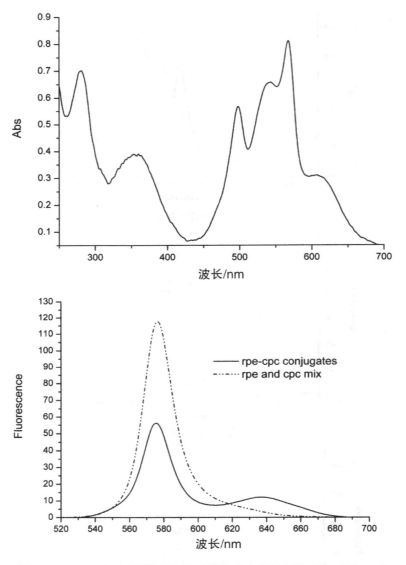

图4-16　RPE-CPC交联物的吸收光谱和荧光发射光谱（Ex=580 nm）

Fig 4-16　Absorption and fluorescence spectra of RPE-CPC conjugates

2. 藻胆蛋白级联探针的电泳分析

SDS-PAGE电泳结果表明，RPE-APC交联物出现5条带，同时拥有RPE的3个亚基条带和APC的2个亚基条带，电泳结果证实交联成功。结果见图4-17。

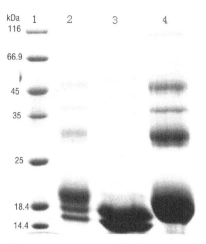

图4-17　RPE-APC交联物电泳分析

Fig 4-17　SDS-PAGE electrophoresis of RPE-APC conjugates（1，Marker；2，RPE-APC conjugate；3，APC；4，RPE）

3. DTT对藻胆蛋白级联探针荧光光谱的影响

RPE-APC交联物在DTT作用下，575 nm处的荧光发射强度逐渐增高，而660 nm处的荧光发射强度逐渐降低，荧光光谱变化表明RPE-APC交联物之间的二硫键部分断裂，RPE和APC之间的能量传递部分中断，RPE的荧光强度随着时间推移不断增高，而APC的荧光强度随着时间推移不断降低（图4-18）。

4. 藻胆蛋白级联探针HPLC分析

RPE-APC交联物经HPLC分析出现3个洗脱峰，依次为RPE-APC交联物、过量的RPE和过量的APC（图4-19）。HPLC分析结果再次表明交联成功。

5. 藻胆蛋白级联探针的稳定性

吸收光谱：在150天保存期内，RPE-APC交联物在565和650 nm处的吸光度随着时间推移缓慢降低［图4-20（a）］。交联物保存150天时650 nm处的吸光度降为原来的50%。

荧光光谱：在150天保存期内，随着时间延长，RPE-APC交联物的575 nm发射峰缓慢升高，660 nm发射峰缓慢降低［图4-20（b）］。交联物保存150天时660 nm处的荧光强度仅为原来的39.25%。表明RPE与APC之间的二硫键随着时间的推移逐渐断裂，RPE的能量已不能传递给APC。

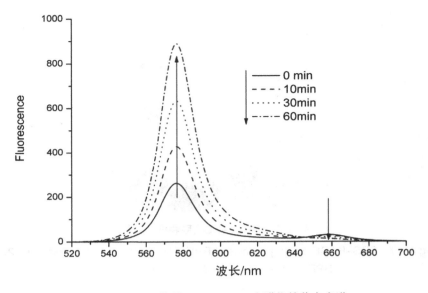

图4-18　DTT作用于RPE-APC交联物的荧光光谱

Fig 4-18　Fluorescence spectra of RPE-APC conjugates mediated by DTT

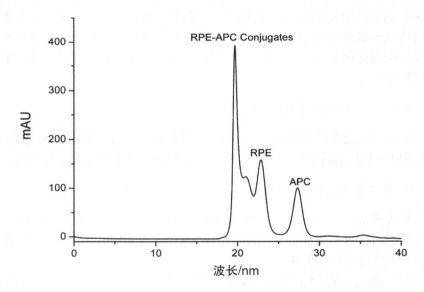

图4-19　RPE-APC交联物的HPLC分析

Fig 4-19　HPLC of RPE-APC conjugates

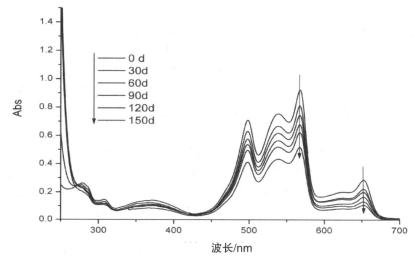

（a）吸收光谱

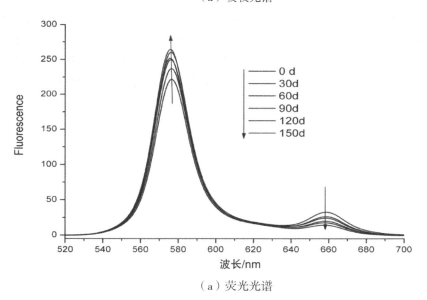

（a）荧光光谱

图4-20　RPE-APC交联物不同保存时间的吸收光谱和荧光光谱

Fig. 4-20　Absorption and fluorescence spectra of RPE-APC conjugates at different days

4.3.3 结论

RPE–APC、RPE–CPC交联成功，两种藻胆蛋白分子间存在光能传递，交联物比较稳定，为研制FRET探针奠定了基础。同时，结果表明RPE至APC或CPC的能量传递效率不高，这是需要进一步研究和解决的问题。

级联探针的能量传递效率低，原因在于RPE和CPC或APC的各种色基之间的距离无法控制。FRET中有效传能要求能量供体的荧光发射光谱与受体的吸收光谱有相当程度的重叠，且两者间的距离足够近（<10 nm）。FRET的能量传递效率与供体–受体对间的距离的六次方成正比。通常保证50%的能量传递效率的有效距离应为30~60 Å。只有距离在100 Å内，才能保证能量传递效率大于1%（Batard et al.,2002）。藻红蛋白为六聚体，是直径12 nm、高6 nm的盘状。APC为三聚体，直径12 nm，高3 nm。可能的交联方式有面对面堆积、边对边堆积、面对边堆积，二者之间的可能距离分别为4、11、7~11 nm，预期能量传递效率分别为大于90%、5%、50%左右。藻胆蛋白之间是面对面还是侧面对侧面或侧面对正面交联还不能控制。Glazer和Stryer（1982）构建的BPE–APC级联探针的能量传递效率在90%，应为面对面堆积一起的。Batard等（2002）构建的RPE–APC级联探针的能量传递效率却低于10%。差别悬殊的原因可能与交联物的交联状态和空间结构有关。如何控制交联时的识别面，实现高效能量传递仍是研制FRET面临的难题。

第5章　藻胆蛋白的应用研究

藻胆蛋白呈水溶性，无毒，分离纯化的藻胆蛋白具有鲜艳的色泽和明亮的荧光，用途广泛。藻胆蛋白具有抗氧化、抑瘤和增强免疫力等作用，被广泛用作荧光检测试剂、食品和化妆品的天然色素、抗氧化剂、光敏治疗剂、示踪剂、免疫增强剂等。

（1）食品、保健品。藻胆蛋白是一类重要的蛋白资源，在某些藻中含量极为丰富。如螺旋藻中蛋白质含量约占其干重的58.5%~72%，而藻胆蛋白占到细胞干重的15%~40%。藻胆蛋白具有抗辐射、消除自由基、增强免疫和抑瘤功能，有保健作用。螺旋藻被誉为21世纪营养最均衡的食品，螺旋藻制剂已经商品化销售。

（2）天然色素。藻胆蛋白是环境友好型、安全无毒、水溶性、色泽鲜艳的天然着色剂。日本、印度、美国等国家广泛使用藻胆蛋白作为食用、化妆品的色素。日本油墨公司（Dainippon Ink & Chemicals Co Ltd）从螺旋藻中提取藻蓝蛋白以商品名"Lina-blue-A"销售。

由于大多数合成染料具有毒性效应，天然色素取代化学合成染料用于食品、化妆品、医药、纺织品和印刷工业的需求日益增加（Dufosse et al.，2005）。蓝色色素在自然界中是稀缺的。C-PC具有明亮的蓝色，并被认为比常用的天然蓝色着色剂（如栀子和靛蓝）应用范围更广，尽管其对热和光具有较低的稳定性（Sekar & Chandramohan，2008）。C-PC是食品工业中最广泛使用的天然着色剂，可用于口香糖、果冻、冰冻雪糕、冰棒、糖果、软饮料、乳制品、蛋糕、冰淇淋等食品中。C-PC、R-PE和B-PE，都是优秀的天然色素，广泛应用于口红和眼线等化妆品中（Eriksen，2008；Sarada et al.，1999；Sekar & Chandramohan，2008）。

（3）抗氧化剂。藻胆蛋白具有很强的抗氧化作用。不同种类的藻胆蛋白的抗氧化活性不同，由大到小依次为PE>PC>APC（Bermejo et al.，2008；Bhat & Madyastha，2000；Romay et al.，1998a；Romay & Gonzalez，2000；Romay et al.，2003；Romay et al.，1998b；Sonani et al.，2014）。Arthospiro maxima的藻蓝蛋白被证明有抗氧化和抗炎症的作用（Romay等，1998）。藻胆蛋白具有抗氧化活性，在体内和体外都可以防止脂质体过氧化，保护

DNA不受破坏，同时还具有消除炎症的功能（Hirata et al., 1999；2000；Pinero Estrada et al., 2001）。藻蓝胆素（PCB）清除活性氧的活性低于藻蓝蛋白（Bhat & Madyastha, 2001）。周占平等（2003）发现藻胆蛋白具有光照条件下产生和黑暗中清除自由基的双重功能。

（4）抗病毒药物。藻胆蛋白具有一定的抗病毒活性。螺旋藻提取的藻蓝蛋白和多糖提取物有抗流感病毒作用（刘兆乾，1999）。Chueh（2002）发现藻蓝蛋白对体外培养的EV71和流感病毒的复制有抑制作用，并申请了专利（US6346408）。Shih证实从钝顶螺旋藻中提取的别藻蓝蛋白能有效抑制肠道病毒EV71的活性，能降低感染细胞中病毒合成RNA的速度，从而抑制病毒所引起的细胞凋亡，能抑制EV71病毒对体外培养的人横纹肌肉瘤细胞和非洲绿猴肾细胞产生的细胞病变作用（CPE），其中对感染绿猴肾细胞的病毒的半数抑制浓度（50% inhibition concentration，IC_{50}）为0.04mmol/L，而且在细胞受感染前用别藻蓝蛋白处理的抗病毒效果比感染后处理效果更好（Shih et al., 2003）。

（5）荧光检测试剂。用于荧光检测是藻胆蛋白最主要的用途。当藻胆蛋白从藻细胞中分离纯化出来后，因为不再有任何附近的受体来转移收获的能量，因而吸收激发光时能发射强烈荧光，比常用荧光素强30倍，大大提高了荧光检测的敏感性，且性质稳定，不与蛋白、核酸、细胞等发生非特异性吸附，安全无毒，无污染。藻胆蛋白具有独特的物理和光谱性质，如摩尔消光系数高、荧光量子产率大、斯托克斯位移大、稳定性高、水溶性大、荧光不易猝灭等。这些独特的性能使藻胆蛋白成为理想的荧光探针，能克服传统荧光标记物检测时荧光背景大、易淬灭等缺点，提高荧光检测的灵敏度（Pumas et al., 2012；Sekar & Chandramohan, 2008）。藻胆蛋白可与抗体、受体、链霉亲和素和生物素等分子结合形成荧光标记物或探针，再与其特定的受体分子结合，用于免疫荧光检测。Holmes 等综述了通过双功能交联试剂将藻胆蛋白与其他分子交联（Holmes & Lantz, 2001）。Oi和Glazer（1982）等敏感地觉察到藻胆蛋白的这种潜在的利用价值，利用交联技术首次将藻红蛋白分别与抗体、蛋白A及亲和素进行交联，并证明这些交联物适合用于固相荧光免疫检测和淋巴细胞表面藻胆蛋白组分的双色荧光分析，灵敏度比荧光素标记物提高5~10倍。自1982年藻胆蛋白被用于固相荧光免疫检测和双色荧光分析后迅速得到认可，得到广泛应用，现在它与荧光素标记物一起，已成为最常用的两种荧光探针，在荧光染料类中起着重要的作用，特别是流式细胞术中（Kronick & Grossman, 1983）。藻胆蛋白荧光标记物已被广泛应用于荧光显微镜、流式细胞术、荧光激活细胞分选、诊断、免疫标记和免疫组织化学中，尤其是流式细胞术中（Eriksen，2008；Oi et al.，1982；Sekar & Chandramohan，2008；Spolaore et al.，2006）。

（6）肿瘤抑制剂。Schwrtz & Shklar（1986）发现螺旋藻藻蓝蛋白对一些癌细胞具有抑制作用。藻胆蛋白及其亚基能够抑制肿瘤细胞的增殖（Huang et al.，2002；Liu et al.，2000）。

（7）光敏治疗剂。光动力治疗作用（Photodynamic Therapy，PDT）：PDT的原理是利用一些荧光量子产率高的光敏剂注射入体内，肿瘤细胞与其亲和力高于正常细胞，滞留在肿瘤细胞中，当用强光照射后，光敏剂吸收光子即跃迁至激发态，处于激发态的光敏剂再将能量传给周围的氧分子产生单线态氧。单线态氧是强毒性剂，可以杀伤肿瘤细胞。但大多数光敏剂存在一定的毒副作用，且为了避免正常组织受损，在治疗后患者必须避光生活，而采用藻胆蛋白作光敏剂则不需避光，无毒副作用，向病人体内引入藻蓝蛋白后，采用光动力治疗，能选择性地破坏癌细胞，同时对正常细胞没有破坏作用（Huang et al.，2002；Niu et al.，2007）。黄蓓等（2002）从螺旋藻藻蓝蛋白酶解产物中分离得到3种色素肽CCP1、CCP2 和CCP3，对体外培养的小鼠S180肉瘤有良好的光动力抗肿瘤效应。藻红蛋白介导的光敏反应处理7721肿瘤细胞后，出现典型的凋亡形态学改变，同时伴有特征性的DNA Ladders出现，是一种很有前景的光动力药物（李冠武，2002）。Morcos（1988）用含0.25mg/mL的藻蓝蛋白处理培养小鼠骨髓瘤细胞再经514nm、300J/cm²激光辐照，发现细胞存活率仅15%，而单纯采用激光辐照或藻蓝蛋白处理的细胞存活率为69%和71%。与市售品蚕砂啉相比，藻蓝蛋白的效力略好，且毒副作用弱，患者治疗后不需避光（蔡心涵等1995）。

（8）免疫增强剂。提高淋巴细胞免疫活性。注射肝癌细胞的实验小鼠口服藻蓝蛋白后实验小鼠的淋巴细胞活性明显高于对照组及正常组（Iijima et al.，1982）。

促进细胞增殖。藻胆蛋白对人骨髓瘤细胞RPMI8226生长有刺激作用，刺激效应依序为APC >PC >PEC（Shinoharaet al.，1988）。汤国枝等（1994）从钝顶螺旋藻中分离得到的一种分子量为15kDa藻胆蛋白组分，也有刺激红细胞集落生成的作用。50 mg/kg剂量的钝顶螺旋藻C-PC能提高小鼠接受致死剂量的⁶⁰Co射线照射后的存活率，可刺激照射后的小鼠粒单系祖细胞和造血干细胞的生成，并增加造血干细胞和外周血细胞的总数（张成武等1996a，b）。

（9）其他药用价值。藻胆蛋白还具有抗过敏（Liu et al.，2015）、抗衰老（Sonani et al.，2014）、抗关节炎（Reddy et al.，2000）、抗辐射（Bhat

& Madyastha, 2000）、保护神经（Romay et al., 2003）、护肝（González et al., 2003; Reddy et al., 2000）、调节免疫（Cian et al., 2012; Sekar & Chandramohan, 2008）、促进肠道菌群生长（Spolaore et al., 2006）等作用。藻胆蛋白在保健品和制药行业中的应用范围还在继续拓展。

藻胆蛋白的纯化工艺复杂、得率低、纯度低、耗时长等因素限制了其应用和普及，也造成价格昂贵。目前，销售藻胆蛋白及其标记物的著名试剂公司有Sigma、Invitrogen、Fisher、Cyanotech、PROzyme、Europa Bioproducts Ltd、Innova Biosciences Ltd、Novus Biologicals、R &D Systems Inc.、Hash Biotech Ltd、AssayPro、Gentaur Molecular Products等，试剂级藻胆蛋白售价高达\$50~120/mg（Chakdar & Pabbi, 2016）。Dainippon Ink and Chemicals（Sakura, Japan）主要生产销售食品级的藻胆蛋白用作食品色素。

5.1　藻胆蛋白在荧光检测中的应用研究进展

荧光免疫检测法（Fluorescence Immunology Assay, FIA）是一种历史悠久的标记免疫分析法（Toussaint and Anderson, 1965）。它是利用荧光染料标记的抗体（或藻胆蛋白）与组织或细胞中的相应藻胆蛋白（或抗体）特异性结合来检测藻胆蛋白或抗体，在传染病诊断中广泛应用。目前，FIA在免疫分析法中所占比例约为10%（Glazer and Stryer, 1984）。FIA灵敏度高，可定性或定位检测。

FIA是一种高灵敏的免疫检测方法，测定限值约为10^{-6}mg/mL。FIA的特异性和敏感性依赖于抗体的特异性、亲和力、滴度以及荧光染料的特性（Rudd et al., 2005）。单克隆抗体的效果优于多克隆抗体。荧光染料应尽可能选用摩尔消光系数大、荧光量子产率高、斯托克位移大、发射荧光波长位于红光区的染料，以提高灵敏度。藻胆蛋白是一类能够满足上述条件的理想的荧光标记物。自1982年藻红蛋白荧光探针研制成功之后，藻胆蛋白被广泛应用于免疫荧光检测、单细胞分析和流式细胞仪的多色荧光分析。藻胆蛋白荧光探针的出现，使荧光免疫检测重新焕发了生机，检测灵敏度显著提高。同时藻胆蛋白级联探针的研制成功使多色免疫荧光分析得到实质性发展，使单光源下三色荧光检测和多光源下的多达12色的多色荧光分析成为现实（Herzenberg et al., 2002; Baumgarth et al., 2000; Roederer et al., 1997; De Rosa et al., 2003.）。

荧光测定的检测限值常受血清和其他生物样品中本底荧光的影响

（Soini and Hemmila，1979）。以血清为例，400~600 nm波段的本底荧光与常用的如FITC的荧光发射光谱相重叠，干扰过大，影响检测结果，这也是长期以来荧光免疫分析方法相对落后的重要原因。化学发光法、稀土法和藻胆蛋白荧光标记法的推出改变了这种局面（Oi et al.，1982）。PE标记的荧光探针的荧光信号比FITC荧光探针强7倍以上（Kronick，1986）。

提高FIA检测灵敏度和特异性的途径有：①寻找优秀的荧光染料，如构建更大斯托克位移的FRET荧光探针；②结合使用抗体夹心法（Wide et al.，1967）、抗体包被技术（Catt and Tregear，1967）、微粒富集荧光免疫分析法（Joller et al.，1984）等免疫学检测方法；③采用固相检测法，如以惰性材料微球、96孔板等为固相载体，通过富集反应来提高灵敏度；④用蛋白A、亲和素生物素、酶等代替抗体进行标记，通过检测信号的逐级放大来提高灵敏度。

1. 藻胆蛋白荧光探针的种类

藻胆蛋白稳定、易溶于水、无毒、荧光亮度高、易与背景光区分，是理想的荧光染料。同时藻胆蛋白分子表面活性功能基团多，易与抗体、生物素等分子交联成荧光探针。

B-PE、R-PE和APC是PBP中使用最广泛的荧光探针。六聚体中的B-PE和R-PE在其最大吸收波长时的摩尔消光系数高达$1.96 \sim 2.4 \times 10^6$ $M^{-1}cm^{-1}$，荧光量子产率大于0.8。即使在蛋白质浓度低于10^{-12}M时，仍以六聚体形式存在，荧光发射不减少（Glazer and Stryer，1984；Oi et al.，1982）。别藻蓝蛋白三聚体在650 nm处的摩尔消光系数为6.96×10^5 $M^{-1}cm^{-1}$，荧光量子产率为0.68，即使在低于10^{-6} M的浓度下，APC也比常规的有机荧光染料的灵敏度高100倍（Kronick，1986）。别藻蓝蛋白通常被用作优良的长波长红色染料，用于流式细胞术和多重免疫荧光染色。藻胆蛋白与488 nm、543 nm或633 nm激发波长的商业氩离子或氦氖激光器完全匹配。当用488 nm或543 nm激发时，R-PE和B-PE能发出橙色荧光（575 nm），而在633 nm激发时，别藻蓝蛋白的红色荧光（660 nm）发射。藻胆蛋白荧光不仅能很好地区分常规染料的荧光，而且避免了卟啉和黄素等普遍存在于生物样品中的自体荧光干扰，因此藻胆蛋白显著促进了荧光检测的发展。基于藻胆蛋白的能量转移荧光试剂使单一激光源下的三色和四色免疫荧光分析成为现实。Cy5和Cy7等低分子量的荧光染料是被激发的藻红蛋白的良好受体，能更进一步地转移发射红色或深红色荧光，从而使11色免疫荧光分析得以实现（Waggoner，2006）。不同种类的藻胆蛋白交联或藻胆蛋白与Cy5或Cy7交联产生荧光共振能量转移探针，其分子间能量转移的STOKES位移长达200 nm，这显著地提高了荧光检测的灵敏度，促进了藻胆蛋白荧光探针的应用（Maecker et al.，2005）。

（1）藻胆蛋白荧光探针。藻胆蛋白作为荧光染料与蛋白质分子交联成为荧光探针，如藻胆蛋白与抗体/单克隆抗体、Fab（Triantafilou et al.，2000）、Fab'、抗毒素、生物素、亲和素等交联，用于检测藻胆蛋白或抗体。藻胆蛋白还可与核酸交联成核酸探针用于分子生物学检测。

按藻胆蛋白的种类分为藻红蛋白（PE）探针、藻蓝蛋白（PC）探针、别藻蓝蛋白（APC）探针等。在各种藻胆蛋白荧光探针中，RPE荧光探针、BPE荧光探针、APC荧光探针使用最广泛。因为488 nm氩离子激光器使用较普遍，在免疫检测中有498nm吸收峰的RPE优于BPE（Telford et al.，2001b）。APC的应用促进了低能耗的氦-氖激光器（发射633 nm光）在流式细胞仪中的应用。

稳定化处理的异藻蓝蛋白解决了APC在低浓度下容易解离的问题，用其作为荧光标记物与荧光素、藻红蛋白两种荧光探针配伍，采用双激发光源可实现三色荧光分析（Yeh et al.，1987；Parks et al.，1984）。同样，CPC经Formaldehyde固定后稳定性提高，与RPE交联的级联探针能实现FRET，是一种有潜力的荧光探针（Sun et al.，2006）。Cai et al.（2001）和Tooley et al.（2001）分别采用基因工程表达的稳定的藻蓝蛋白在低浓度下也不容易降解。

（2）藻胆蛋白级联探针（tandem probes）。构建藻胆蛋白与其他生物分子之间的级联探针，可以实现信号放大。如藻胆蛋白-葡聚糖-链霉素（streptavidin）-生物素化抗体探针灵敏度是PE直接标记抗体检测的20倍（Siiman et al.，1999）。Oi 等（1982）将PE与生物素（biotin）偶联、Winfrey和Wagman（1984）将藻胆蛋白与地高辛（digoxigenin）的衍生物标记作为二级标记试剂。

藻胆蛋白及藻胆蛋白级联探针能够方便地与抗体及亲和素等交联构成荧光探针，产生多种可区分荧光。在进行多重染色时，能混合标记，不易发生两种染色间相互遮盖和阻断的现象，实现快速灵敏的多组分同时测定（de Rosa，2001），在细胞分型和分拣（Hardy et al.，1982；Hayakawa et al.，1987）、弱表达细胞表面藻胆蛋白检测（Zola et al.，1990；Böhler et al.，1999）、多色荧光分析（Roederer et al.，1997；Gerstner et al.，2002）、单细胞/单分子的荧光检测分析（Wilson et al.，1996；Triantafilou et al.，2000）、生物芯片（Chee et al.，1996；Hacia et al.，1998；Livache et al.，1998）等领域中，都已应用藻胆蛋白荧光探针。虽然尚未见在动物方面应用的报道，已用于人类疾病检测的藻胆蛋白荧光探针预计也可用于动物疫病病原微生物的可溶性藻胆蛋白、表面标志物、抗体、受体及药物（激素）等的定性、定量的超灵敏检测及定位研究。

2. 藻胆蛋白多色荧光分析

1982年Glazer 等将藻红蛋白开发为免疫荧光标记探针，与FITC一起使用，实现了单光源双色荧光标记检测。1983年Parks 等将别藻蓝蛋白开发为荧光探针，与FITC、藻红蛋白配合使用，实现双激发光源下三色荧光标记分析。APC 的应用增加了荧光染料的种类，为高效、经济、低功率的氦-氖激光器在流式细胞仪荧光免疫检测方面的普及应用提供了广阔前景。藻胆蛋白级联探针的出现，使多色荧光分析更上一个台阶。1993 年，Gruber 等用FITC、PE 和PE-Cy5三种荧光标记物以单色激光流式细胞计对淋巴细胞亚型进行三色免疫荧光的定性、定量分析。三种荧光区分明显，可迅速、简便、可靠地实现淋巴细胞分型。藻胆蛋白及其偶联物构成了一系列的荧光探针，应用于荧光免疫分析发射多种可区分的荧光，实现快速而灵敏的多组分同时测定，在流式细胞仪上已经做到8~12色荧光分析（Herzenberg et al.，2002；Baumgarth et al.，2000；Roederer et al.，1997.）。

3. 固相免疫荧光检测

以藻胆蛋白取代FITC 来制备标记抗体进行固相荧光免疫测定，检测灵敏度可成倍增加，达到pmol/L的检测限。固相载体可以是组织切片、琼脂糖凝胶微球、NC膜、96孔板等。Kronick 和Grossman（1983）最早提出将藻胆蛋白应用于可溶性藻胆蛋白的免疫检测，采用了固相免疫测定原理，以乳胶微球为固相载体，以藻胆蛋白取代FITC来制备标记抗体，检测灵敏度可提高6倍（Kronick and Grossman，1983）。用CNBr 活化的琼脂糖凝胶微球作为固相载体，操作简便，具有富集信号功能，有望开发成快速检测试剂。

微粒富集荧光免疫分析法（Particle Concentration Fluorescence Immunoassay，PCFIA）是Jolley 等于1984年提出的，为提高灵敏度提供了另一条途径。捕获抗体固定于乳胶微球，与样品血清及荧光标记试剂充分温育后，微球在膜上被浓缩，多次清洗后读数。微粒富集法使信噪比提高1000 倍。1991年，BPE作为标记物成功地用于PCFIA，采用0.8 um的聚苯乙烯微粒作为固相，96孔板的孔底为0.22 um的醋酸纤维素膜。检测过程由全自动的"Pandex Screen Machine"完成。

4. 时间分辨荧光分析

均相免疫荧光分析简便、快速且准确，能量转移是实现这一技术的有效方法。稀土离子的联吡啶穴状体，如Eu^{3+}、Tb^{3+}穴状体具有稳定而强烈的水相荧光，可分别与APC或CPC、RPE或BPE组成能量转移试剂对，实现能量转移快速均相荧光免疫分析。1993年，Mathis将Eu的穴状体和异藻蓝蛋白组成能量转移供、受体试剂对，以Eu（TBP）稀土离子穴状体与藻胆蛋白APC分别标记单抗，通过多价藻胆蛋白由双抗体夹心法构成能量转移供体、受体对，实现能量快速转移，该系统由337 nm光激发，发射具有中等寿命的APC特征荧光，结果放大了检测信号，降低了检测样品中非特异性成份的干扰。

5. 抗藻胆蛋白抗体

利用藻胆蛋白的免疫原性质，以抗藻胆蛋白抗体为中介的连接藻胆蛋白和待测藻胆蛋白物质，这在免疫组化中应用较多。1991年Lansdorp等将免疫法与能量转移原理紧密结合，将PE与Cy5通过Cy5标记的抗PE抗体而实现非共价偶联，构成能量转移体，作为新型荧光染料，可由氩离子激光器在488 nm波长高效激发，发射Cy5的680 nm特征荧光。

6. 免疫组化

藻胆蛋白荧光探针应用于免疫组化，尤其是细胞多重染色时，不但可同时混合标记，速度快、操作简便，而且不会发生两种染色相互阻断和遮盖的现象。Pizzolo等利用藻红蛋白和FITC相结合进行免疫荧光组化双重标记染色，定位检测淋巴结淋巴细胞亚群及淋巴细胞分化藻胆蛋白HLA-DR，两种荧光标记物的敏感性一致。

7. 限制藻胆蛋白荧光探针应用的因素

（1）藻胆蛋白纯化困难。藻胆蛋白虽然来源广泛，但纯化工艺复杂，普遍存在三低现象（得率低、纯度低、效率低），因而造成藻胆蛋白纯化成本过高。我们已经掌握藻胆蛋白高效分离纯化技术，一步层析法即可制备克级纯度达到4以上的各种藻胆蛋白，为藻胆蛋白的普及应用打下了基础。

（2）藻胆蛋白荧光探针交联得率低，分离纯化难。

（3）售价高，普及难。纯化成本和探针研制成本过高。国际上的售价高达\$50~120/mg。限制了这一优秀荧光探针的使用和普及。

（4）藻胆蛋白为生物大分子，无法进入细胞内，只能用于细胞表面藻胆蛋白和可溶性藻胆蛋白的检测，不利于细胞内藻胆蛋白的检测（Telford et al., 2001b）。

（5）稳定性。除藻红蛋白外，CPC、APC不具有γ亚基，结构稳定性降低，在浓度极低时易降解。如APC在浓度低于10^{-8} M时三聚体解离成单体，吸收光谱蓝移至620 nm，消光系数和量子产率显著降低。为防止其降解，需使用化学交联剂进行稳定化处理。Ong和Glazer（1985）利用新型交联技术将APC稳定化后可以使浓度稀释至10^{-13} M而不解离。

8. 藻胆蛋白应用展望

藻胆蛋白荧光探针用于免疫荧光检测尤其是流式细胞仪在国外相当普遍，已经商品化。藻胆蛋白荧光探针方面的专利被国外垄断。国内使用的藻胆蛋白荧光标记物依赖进口，价格昂贵。Sigma、Pierce、Molecular Probes、Prozyme等公司生产和销售试剂级藻胆蛋白及其标记物，产品有各种藻胆蛋白、藻胆蛋白–抗体标记物、藻胆蛋白–生物素等，售价高达$50~120/mg。国内藻胆蛋白荧光探针研制尚处于实验室阶段，还没有形成产品，因此我国需要研制具有自主知识产权的荧光探针。

开发更明亮的藻胆体荧光探针或低分子量的隐藻的藻胆蛋白探针以及色基、亚基、短肽等新型藻胆蛋白探针荧光探针。隐藻（Cryptomonad alga）的藻胆蛋白分子量只有30~60 kDa，其荧光探针可用于分子内和分子外蛋白的检测（Telford et al., 2001b），能满足不同的荧光检测需求。

藻胆蛋白是利用海洋生物技术开发成功的一种高附加值产品，是性能优良的新型荧光标记物。我国藻类资源丰富，藻胆蛋白产品的开发将极大地提高我国产业和产品的技术档次。随着藻种资源的探明、藻胆蛋白提纯工艺的进一步优化，藻胆蛋白在荧光免疫分析方面有着越来越广阔的应用前景。特别是研制可溶性藻胆蛋白、抗体检测的藻胆蛋白诊断试剂盒将是免疫检测领域的一大热点。

5.2 藻胆蛋白荧光微球的制备及其在病毒检测中的应用

病毒病能造成人、动物大量发病甚至死亡，严重威胁人类的健康和安全。对于病毒感染病，只有做到及时、准确诊断，才能有效防控。很多病毒感染普遍存在症状相似、混合感染严重以及病原不断变异和新病不断出现的特点，给诊断增加了难度。如何快速、特异、灵敏、高通量地鉴别检测当前的病毒感染是摆在我们面前的任务之一。

现有的疫病检测方法很多，主要分为免疫学方法（检测藻胆蛋白或抗体）和分子生物学方法（检测核酸）两类，常用方法有酶联免疫吸附试验（ELISA）、荧光免疫检测（FIA）、聚合酶链式反应（PCR）、血凝和血凝抑制试验（HA-HI）等，每种方法在操作繁简程度、灵敏度、成本等诸多方面存在差异，各具优缺点。

荧光免疫检测法（Fluorescence Immunology Assay，FIA）是一种历史悠久的标记免疫分析法，是利用荧光染料标记的抗体（或藻胆蛋白）与组织或细胞中的相应藻胆蛋白（或抗体）特异性结合来检测相应的藻胆蛋白或抗体，在疫病检测上具有广泛的用途，可定性、定量或定位检测。目前FIA在免疫分析法中所占比例约为10%（Glazer and Stryer，1984）。

FIA是一种高灵敏的免疫检测方法，测定限值约为10^{-6} mg/mL，但是荧光测定的检测限值常受血清和其他生物样品中本底荧光的影响（Soini and Hemmila，1979）。以血清为例，400~600 nm波段的本底荧光与常用的荧光标记物（如FITC）的荧光发射光谱相重叠，干扰过大，影响检测的敏感度，这也是长期以来FIA相对落后的原因。化学发光法、稀土法和藻胆蛋白荧光标记法的推出，使这种落后局面才得以改变（Oi et al.，1982）。藻红蛋白标记的荧光探针的检测灵敏度是FITC荧光探针的7倍以上，在商品化的荧光光度计上藻胆蛋白的灵敏度可达10^{-11} M（Kronick，1986）。

FIA的特异性和敏感性依赖于抗体的特异性、亲和力、滴度及荧光染料的特性（Rudd et al.，2005）。单克隆抗体的特异性优于多克隆抗体，而且可用于鉴定亚类。荧光染料应尽可能选用摩尔消光系数大、荧光量子产率高、斯托克位移大、发射荧光波长位于红光区的染料，以提高灵敏度。藻胆蛋白是一类能够满足上述条件的理想的荧光标记物。自1982年藻红蛋白荧光探针研制成功之后，藻胆蛋白被广泛应用于免疫荧光检测、单细胞分析和流式细胞仪的多色荧光分析，在生物学研究中的应用领域不断拓展。藻胆蛋白荧光探针的推出，使荧光免疫检测重新焕发了生机，检测灵敏度显著提高。藻胆蛋白FRET级联探针的研制成功，使多色免疫荧光分析突飞猛进，单光源激发下的三色荧光检测和多光源激发下的多达12色的多色荧光分析成为现实（Herzenberg et al.，2002；Baumgarth et al.，2000；Roederer et al.，1997；De Rosa et al.，2003.）。

固相免疫荧光法是FIA的主要检测方法，固相载体可以是组织切片、琼脂糖凝胶小球、NC膜、96孔板等，通过富集反应能提高检测灵敏度。本文以CNBr-activated Sepharose 4B小球为固相载体，采用免疫荧光"夹心法"，即活化的4B球先包被Ab，然后与相应的Ag特异结合，再与藻胆蛋白标记的Ab荧光探针结合，最后在荧光显微镜、激光共聚焦或流式细胞仪上进行检测，以达到对一种或多种动物病毒感染的检测。

5.2.1 材料和方法

（1）溴化氰活化的琼脂糖4B球。CNBr-activated Sepharose 4B小球，Amersia生产，直径45~165um，充分溶胀后，蓝光、绿光激发下微球无本底荧光。球形利于信号富集，蛋白质易与凝胶微球共价偶联。

（2）纯化抗体。抗新城疫病毒（NDV）抗体、抗禽流感病毒（AIV）抗体、抗传染性支气管炎病毒（IBV）抗体、抗猪瘟病毒（HCV）抗体、抗猪蓝耳病病毒（PRRSV）抗体、抗2型圆环病毒（PCV-2）抗体，均为层析纯化，纯度达90%以上，-20℃保存。

（3）病毒液。NDV、AIV、IBV为鸡胚培养毒，PRRSV、HCV、PCV-2为细胞培养毒，使用时用PBS倍比稀释。

（4）藻胆蛋白标记的荧光探针。按前文所述的方法将RPE、APC分别与上述纯化抗体标记，制备荧光抗体检测探针。按照文献方法制备FITC标记的抗体探针。

（5）主要器材。

荧光显微镜：型号E600，日本NIKON公司生产。

激光共聚焦：型号DMIRE2，德国LEICA公司生产。

紫外-可见光分光光度计：UV/VIS-550，日本Jasco公司生产。

荧光分光光度计：FP-5100，日本Jasco公司生产。

（6）固相免疫荧光检测流程

1）溴化氰活化的琼脂糖4B球固相抗体的制备。取0.3 g琼脂糖凝胶4B的冻干粉，置于5 mL 1 mM 盐酸中溶涨30 min，以同样浓度的盐酸冲洗5次，再用偶联缓冲液50 mM pH值为 8 PBS（含100 mM NaCl）快速冲洗，离心得到1 mL的活化凝胶。活化凝胶立即与2 mL 100 μg/mL Ab（事先用50 mM pH 8的PBS透析）混合，20℃缓慢振荡作用12 h，离心，在凝胶中加入2 mL 0.1 M的乙醇胺（50 mM pH值为 8 PBS配制），20℃搅拌反应4 h，以封闭多余的活性基团，离心去上清，用50 mM pH值为 8 PBS反复冲洗凝胶，离心获得偶联有Ab的琼脂糖凝胶。用100 mM pH值为 7.5的PBS配成10%（v/v）的悬浮液。

2）加样：取上述方法制备的偶联有Ab的琼脂糖凝胶50 μL，置于洁净的试管中，加待检病毒液100 μL，37℃温育2 h，用100 mM pH值为 7.5的

PBS冲洗10次。

3）滴加标记抗体：加入工作浓度的荧光标记抗体100 μL，37℃温育2 h，用100 mM pH值为7.5的PBS冲洗5次。

4）结果观察：吸取少量检测微球，滴于低荧光背景的玻片上，盖片，用甘油缓冲液封片，于荧光显微镜下观察，判定结果。

5）判定标准：将荧光强度与背景染色强度以+表示，分为++++、+++、++、+、−四级。++++为最强阳性，+++为强阳性，++为较强阳性，+为弱阳性，−为阴性。试验设阳性对照、阴性对照和空白对照，以BSA或健康动物血清（SPF鸡、健康猪血清）为阴性对照，以PBS为空白对照。

（7）荧光探针工作浓度的选择。以RPE标记的NDV抗体为例，将荧光探针浓度调整为0.1、1、10、100、500 μg/mL。设同样浓度的RPE对照。按上述的方法检测NDV。包被4B球的NDV抗体浓度为200 μg/mL。NDV为10倍稀释的尿囊毒。显微镜下观察微球荧光，筛选不同浓度荧光探针对检测结果的影响。

（8）洗涤次数对荧光检测的影响。以100 μg/mL的RPE标记NDV抗体为例，包被4B球的NDV抗体浓度为200 μg/mL，NDV为10倍稀释尿囊毒，按上述的方法检测NDV，最后洗涤时每次都收集洗涤液，在荧光光度计上检测每次洗涤液的相对荧光强度，并吸取微球在荧光显微镜下观察4B球的荧光信号。设同样浓度的RPE对照。

（9）微球蛋白结合蛋白能力。用50 mM pH值为 7.5 PBS准确配制0.05、0.1、0.2、0.3、0.5、0.7、0.8、0.9、1、1.5、2 mg/mL的BSA溶液。在分光光度计上测定280 nm的吸光度，建立BSA浓度与吸光度的标准曲线。

按照2.1的方法活化4B球。取200 ul活化小球立即与200 μL不同浓度BSA混合，4℃摇荡反应12 h，终止连接，离心，微球用PBS冲洗5次，将5次上清液混合，测定OD_{280}，计算BSA的结合率。

（10）FITC标记抗体。标记方法参见许屏等（2000）的方法。

纯化的NDV、HCV抗体用50 mM pH 9的碳酸缓冲液透析过夜，调整浓度为10 mg/mL。用上述碳酸缓冲液配制0.1 mg/mL的FITC。将抗体置于10倍抗体体积的FITC溶液中4℃缓慢搅拌透析24 h，然后迅速将标记抗体置于50 mM pH值为7.2的磷酸缓冲液透析，经常更换缓冲液。测定FITC标记抗体的光谱。

（11）病毒检测。按上面的方法以固相免疫荧光分析法，分别检测不同滴度的NDV、AIV、IBV、PRRSV、HCV、PCV−2等病毒，以确定该检测体系的灵敏度。

（12）检测的特异性。分别以藻胆蛋白标记的NDV抗体检测AIV和IBV、藻胆蛋白标记的IBV抗体检测AIV和NDV、藻胆蛋白标记的AIV抗体检测NDV和IBV、藻胆蛋白标记的HCV抗体检测PRRSV和PCV-2、藻胆蛋白标记的PRRSV抗体检测HCV和PCV-2、藻胆蛋白标记的PCV-2抗体检测PRRSV和HCV，以验证该检测体系的特异性。

（13）多病原混合感染的鉴别检测。将FITC标记的NDV抗体、RPE标记的AIV抗体、APC标记的IBV抗体分别包被活化的琼脂糖微球，三种微球等量混合，与不同稀释度的三种病毒液作用，按前述的流程操作，激光共聚焦下检测该固相检测法对NDV、IBV、AIV混合感染的鉴别检测。

利用FITC标记的HCV抗体、RPE标记的PRRSV抗体、APC标记的PCV-2抗体检测PRRSV、HCV、PCV-2混合感染。

（14）荧光微球的保存试验。以RPE、APC、FITC分别标记的抗NDV抗体探针为例，将上述固相荧光检测体系避光4℃保存1个月后再次检测，比较2次检测结果。

5.2.2 结果与分析

（1）4B微球载体结合蛋白能力。BSA浓度与吸光度的标准曲线如图5-1所示。BSA浓度与吸光度的关系公式为$y=0.0005x$。其中x为BSA浓度，单位为μg/mL，y为OD_{280}。

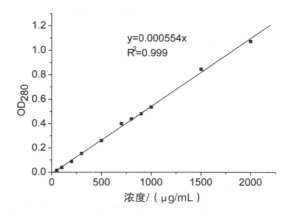

图5-1 BSA浓度与吸光度的标准曲线

Fig 5-1 The absorbance of BSA in different concentrations

4B球结合BSA量与浓度关系见表5-1。从4B球结合能力来看，BSA蛋白浓度在1~10 mg/mL为宜，蛋白浓度过高或过低，结合率反而降低。BSA为5 mg/mL时，结合率最高，达91.7%。

表5-1　微球结合BSA量与浓度关系

Table 5-1　Ratios of BSA coated by sphere in different concentrations of BSA

BSA的浓度/（mg/mL） Concentration of BSA	0.5	1	5	10	20
微球包被BSA量 BSA quantity coated to sphere	0.055	0.178	0.917	1.746	2.785
微球包被率 BSA coated ratio to sphere	55%	89%	91.7%	87.3%	69.6%

（2）荧光探针工作浓度的选择

荧光探针浓度低于1 μg/mL时，荧光显微镜下都检测不到荧光；当荧光探针浓度高于500 μg/mL时，探针组和对照组都显示强荧光，区分不开。荧光探针浓度在1~100 μg/mL时，荧光强度适中，而对照为阴性，检测效果较好。结果见表5-2。

表5-2　荧光信号强度与探针浓度

Table 5-2　Fluorescence intensity in different concentrations of pycobiliprotein-labelled antibody

浓度（μg/mL） Concentration	0.1	1	10	100	500
RPE	−	−	−	−	++
RPE-Ab	−	+	++	+++	+++

（3）洗涤次数对荧光检测的影响。荧光探针组和对照组在洗涤4次以后洗涤液的荧光信号很弱，而洗涤5次后的4B微球在荧光显微镜下的检测结果较理想（表5-3）。

表5-3　洗涤次数对荧光强度的影响

Table 5-3　Fluorescence intensity at different washing times

荧光染料及浓度 Chromophores & concentration		洗液的荧光强度 Relative fluorescence of washing					微球的荧光 Fluorescence of sphere
		1	2	3	4	5	
RPE labelled anti-NDV antibody	10μg/mL	21.9	2.1	2.3	0.8	0.4	+
	100μg/mL	849.3	77.0	19.9	4.5	2.6	+++
RPE	10μg/mL	61.3	1.6	2.1	0.1	0.4	-
	100μg/mL	844.6	10.8	7.1	1.6	0.6	-

（4）FITC标记抗体探针。FITC标记抗NDV和HCV抗体探针在可见光区490 nm处有一个强吸收峰。用490 nm激发光激发时，FITC标记抗体的发射峰的波长位于520 nm（图5-2）。由于FITC分子量小，交联后经充分透析可除去游离FITC，由光谱检测结果可判定FITC标记抗体成功。

（5）阳性、阴性结果判定。由于凝胶微球本底无荧光，荧光显微镜和激光共聚焦下的阳性、阴性结果清晰可辨。APC标记抗体检测阳性微球在红光激发下呈明亮红色荧光，RPE标记抗体检测阳性微球在绿光激发下呈明亮桔黄色荧光，FITC标记抗体检测阳性微球在蓝光激发下呈明亮绿色荧光。结果见图5-3。

（6）病毒荧光检测的灵敏度。

1）NDV、IBV、AIV荧光检测。不同种类荧光染料标记的NDV抗体用于检测NDV时，灵敏度有差别。RPE标记探针可检测的NDV的最大稀释度为10^{-6}，APC标记探针可检测的NDV的最大稀释度为10^{-5}，FITC标记探针可检测的NDV的最大稀释度为5×10^{-5}。

RPE标记探针可检测的AIV的最大稀释度为10^{-5}，APC标记探针可检测的AIV的最大稀释度为5×10^{-4}。

RPE标记探针可检测的IBV的最大稀释度为10^{-6}，APC标记探针可检测的IBV的最大稀释度为10^{-5}。结果见表5-4。

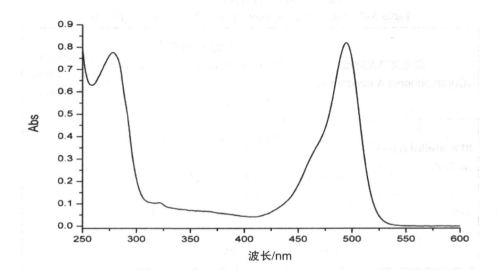

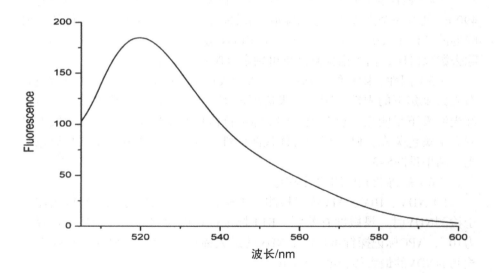

图5-2 FITC标记的NDV抗体的吸收光谱和荧光发射光谱（Ex=490 nm）

Fig. 5-2 Absorption and fluorescence spectra of FITC labelled antibody.

阴性结果　　　　　　　　　　明场结果

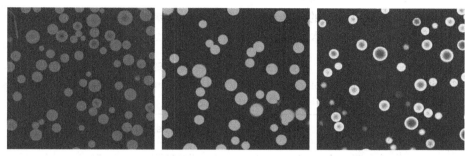

APC标记抗体检测阳性结果　　FITC标记抗体检测结果　　RPE标记抗体检测结果

图5-3　荧光检测结果

Fig. 5-3　Immunofluorescence assay

表5-4　不同荧光染料标记的抗体检测NDV、IBV、AIV

Table 5-4　Immunofluorescence detection of avian virus using phycobiliprotein labelled antibody

病毒 Virus	荧光染料 Chromophores	病毒滴度Virus dilution								
		10^{-1}	10^{-3}	5×10^{-3}	10^{-4}	5×10^{-4}	10^{-5}	5×10^{-5}	10^{-6}	5×10^{-6}
NDV	RPE	++++	++++	++++	++++	++++	++++	+++	++	+
	APC	++++	++++	++++	++++	+++	++	+	−	−
	FITC	++++	++++	++++	++++	++++	+++	++	+	−
IBV	RPE	++++	++++	++++	++++	++++	++++	+++	++	+
	APC	++++	++++	++++	++++	+++	++	+	−	−
AIV	RPE	++++	++++	++++	++++	+++	++	+	−	−
	APC	++++	++++	++++	+++	++	+	−	−	−

2）HCV、PRRSV、PCV-2荧光检测。RPE标记探针可检测的HCV的最大稀释度为10^{-6}，APC标记探针可检测的HCV的最大稀释度为10^{-5}，FITC标记探针可检测的HCV的最大稀释度为5×10^{-5}。

RPE标记探针可检测的PRRSV的最大稀释度为10^{-5}，APC标记探针可检测的PRRSV的最大稀释度为10^{-4}，FITC标记探针可检测的PRRSV的最大稀释度为5×10^{-4}。

RPE标记探针可检测的PCV-2的最大稀释度为5×10^{-4}，APC标记探针可检测的PCV-2的最大稀释度为10^{-4}，FITC标记探针可检测的PCV-2的最大稀释度为5×10^{-4}。结果见表5-5。

不同荧光染料标记的抗体探针检测病毒时的灵敏度有差别，主要原因与荧光染料的特性和抗体的质量有关。

表5-5 不同荧光染料标记的抗体检测猪病毒
Table5-5 Immunofluorescence detection of swine virus using phycobiliprotein labelled antibody

病毒 Virus	荧光染料 Chromophores	病毒滴度Virus dilution								
		10^{-1}	10^{-3}	5×10^{-3}	10^{-4}	5×10^{-4}	10^{-5}	5×10^{-5}	10^{-6}	5×10^{-6}
HCV	RPE	++++	++++	++++	++++	++++	++++	+++	++	+
	APC	++++	++++	++++	++++	+++	++	+	−	−
	FITC	++++	++++	++++	++++	++++	+++	++	+	−
PRRSV	RPE	++++	++++	++++	++++	+++	++	+	−	−
	APC	++++	++++	++++	++	+	−	−	−	−
PCV-2	RPE	++++	++++	++++	+++	++	+	−	−	−
	APC	++++	++++	+++	++	+	−	−	−	−

（7）荧光检测的特异性。以藻胆蛋白标记的NDV抗体检测AIV和IBV、藻胆蛋白标记的IBV抗体检测AIV和NDV、藻胆蛋白标记的AIV抗体检测NDV和IBV结果均为阴性，同样以藻胆蛋白标记的HCV抗体检测PRRSV和PCV-2、藻胆蛋白标记的PRRSV抗体检测HCV和PCV-2、藻胆蛋白标记的PCV-2抗体检测PRRSV和HCV结果也为阴性，表明研制的荧光探针的特异性良好，三种病毒之间无交叉干扰，该体系可用于多种病毒混合感染的鉴别诊断。

（8）病毒混合感染荧光检测。FITC标记的NDV抗体、RPE标记的AIV抗体、APC标记的IBV抗体荧光探针能够检测三种病毒的混合液，激光共聚焦显微镜下微球呈现三种明显可辩的荧光，检测NDV、AIV、IBV尿囊毒的最大滴度分别为5×10^{-4}、1×10^{-4}、1×10^{-4}，表明该固相检测体系能够实现对新城疫、禽流感、传支混合感染的鉴别检测。利用FITC标记的HCV抗体、RPE标记的PRRSV抗体、APC标记的PCV-2抗体能够成功检测猪瘟、猪兰耳病、圆环病毒混合感染，检测HCV、PRRSV、PCV-2细胞培养毒的最大滴度分别为5×10^{-4}、5×10^{-3}、5×10^{-3}。混合感染的检测灵敏度比单种病毒感染的灵敏度稍低。结果见图5-4。

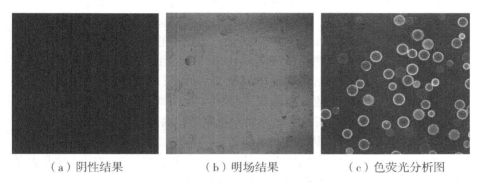

　　（a）阴性结果　　　　　　（b）明场结果　　　　　（c）色荧光分析图

图5-4　多色免疫荧光检测病毒混合感染

Fig. 5-4　Multi-immunofluorescence assay of virus co-infection

（9）荧光微球的保存试验。固相荧光检测体系避光4℃保存1个月后再次检测，APC、FITC分别标记的抗NDV抗体探针检测灵敏度均有所降低，RPE标记的抗NDV抗体探针检测灵敏度未出现明显降低（表5-6）。由于时间关系，未检测更长保存时间下的灵敏度变化。

表5-6　荧光微球的保存试验

Table 5-6　Sensitivity of immunofluorescence detection for 1 month

荧光染料	荧光检测灵敏度（Sensitivity）	
（Chromophores）	0 day	1 month
RPE labelled antibody	10^{-6}	10^{-6}
APC labelled antibody	10^{-5}	10^{-4}
FITC labelled antibody	5×10^{-5}	10^{-5}

5.2.3　结论

动物病原的检测方法主要包括免疫学方法和分子生物学方法两类，常用方法有ELISA、FIA、PCR等。ELISA法灵敏度较高，但耗时较长，每种试剂盒只能检测一种病原。PCR法灵敏度高，但操作复杂，对操作人员素质要求高。FIA为一种高灵敏的检测方法，具有广阔的应用价值，尤其在定位检测和荧光原位研究疾病的发生、发展及其致病机理和规律方面具有其他检测方法无可比拟的优势。

藻胆蛋白具有荧光明亮，斯托克位移大，荧光位于近红光区，受生物样本的本底荧光干扰小，可长期保存且无明显衰减，无毒性。与常规荧光探针（如FITC探针相比）具有明显优势。本试验也证明RPE标记的荧光探针比FITC标记探针的检测灵敏度高5~10倍。藻胆蛋白荧光探针的推出使长期以来荧光检测法相对落后局面得以改变。但是目前国际上藻胆蛋白荧光探针售价昂贵，仅限于流式细胞仪上使用，我国则完全依赖进口。山东大学微生物技术国家重点实验室已经建立藻胆蛋白高效分离纯化和藻胆蛋白-抗体高效交联技术，克服了限制藻胆蛋白应用的二大瓶颈因素，使藻胆蛋白荧光探针的生产成本大幅降低，使藻胆蛋白荧光检测试剂国产化和普及应用成为可能，RPE完全能够取代FITC用于荧光检测。

用CNBr活化的琼脂糖凝胶微球作为固相载体，操作简便，具有富集信号功能。藻胆蛋白荧光探针具有荧光强度高、可长期保存且无明显衰减的特点。将二者结合有望开发成固相免疫荧光检测试剂盒，用于疫病快速检测。琼脂糖凝胶微球为载体的固相免疫荧光检测法可在荧光显微镜、激光共聚焦、荧光光度计和流式细胞仪上进行，仪器选择范围广，也可以现场标记拿回实验室集中检测，便于临床应用和流行病学调查。

采用多种荧光染料分别标记不同的抗体制备荧光探针，建立多色免疫荧光检测法用于疫病检测，能够显著提高检测效率，同时区分检测不同的疾病，适用于临床检测和流行病学调查，具有很好的社会效益和经济效益。本文首次将藻胆蛋白荧光探针应用于动物疫病的单病原感染和混合感染检测，收到良好效果，可以推广应用。

5.3　藻胆蛋白的抗氧化性研究

自由基（Free Radicals）是指那些具有不配对电子的原子、分子或离子，它们有得到或失去电子的倾向。自由基是人体生命活动中各种生化反应的中间代谢产物，在生物体中，氧是生物氧化过程中的重要电子受体，当基态氧接受电子后会生成一系列含氧且具有高度化学活性的自由基。自由基由于其单电子的结构而表现出极其活泼的不稳定性。生物体内的自由基主要包括超氧阴离子自由基（Superoxideanion，$O_2^- \cdot$）、过氧化氢（Hydrogenperoxide，H_2O_2）、羟自由基（Hydroxyl radical，$\cdot OH$）、烷氧基自由基（Alkoxyl radical，$RO \cdot$）、烷过氧基（Peroxyl radical，$ROO \cdot$）、单线态氧（Singletoxygen，$^1O2$）、一氧化氮自由基（nitricoxide radical，$NO \cdot$）、脂自由基（$L \cdot$）和脂过氧基（$LOO \cdot$）等，统称为活性氧（ROS，reactiveoxygen species）。

人体内氧自由基的来源主要有：由紫外线或环境污染等外来因素引发的外源性自由基和由于在新陈代谢过程中人体内生化反应所产生的内源性自由基。外界因素如空气、饮用水、食物的污染等会影响着自由基的产生，恶劣的环境会诱发人体内产生大量过多的自由基，会造成更多的疾病。生物体在生命的正常新陈代谢过程中会伴随着产生大量的自由基。在机体正常代谢活动中，自由基发挥着一定的免疫和信号传递的作用，同时机体内抗氧化系统（包括抗氧化酶和抗氧化剂）能将自由基的产生和清除维持在平衡状态。在生物体中，自由基的产生、淬灭、利用和损伤作用几乎是同时进行的对立统一过程。正常有机体内存在适量自由基对有机体是有益的，过量自由基则对有机体构成威胁。如外界的逆境环境或机体的衰老导致的抗氧化系统功能的下降会引发自由基的过量积累，过量的自由基会给机体造成不可逆的氧化损伤，造成机体在分子水平、细胞水平及组织器官水平的损伤，加速机体衰老，形成恶性循环，引发心脏病、老年痴呆、癌症、糖尿病、帕金森病、阿尔茨海默病和动脉粥样硬化等多种疾病。

生物体内自由基的产生是相互交叉、相互关联的。它们通过酶促反应和非酶促反应不断产生。自由基在体内可以通过多种途径产生，如辐射、光、金属离子、化学毒物、药物以及受刺激巨噬细胞的释放与呼吸过程等。人是需氧生物，体内不可避免的产生自由基。自由基、活性氧和活性氮可能是在体内许多变化过程中都能起调节作用的普通中间介质，参与了众多的生命活动。机体的防御系统、细胞的增殖、分化、调亡、神经传导、内分泌、基因表达等都与自由基有关。但过多的自由基对机体是有害的，它可以直接攻击 DNA，造成其永久性损伤；或攻击生物膜的不饱和脂肪酸引起脂质过氧化反应；或攻击蛋白质引起其结构与构象的改变，造成肽链断裂、聚合与交联。所有这些生物大分子结构与功能的改变，必然会导致细胞功能的紊乱，从而导致疾病。

抗氧化是指能有效抑制自由基的氧化反应，其原理是抗氧化物质直接和自由基反应或者是影响自由基的生成。

抗氧化剂是能阻止或很大程度抑制易氧化物质的氧化过程，能清除活性氧或者阻止活性氧生成的一类物质。抗氧化物质分为酶类和非酶类，酶类多为体内抗氧化酶，包括超氧化物歧化酶（SOD）、过氧化氢酶（CAT）和谷胱甘肽过氧化酶等。非酶类包括多糖及其衍生物、蛋白质（非酶类）及其多肽、不饱和脂肪酸、多酚、类黄酮、维生素C、维生素E、活性硒、胡萝卜素等物质。研究发现，通过摄入抗氧化物质可促进体内抗氧化酶的产生，同时也提高小分子抗氧化物质黄酮类化合物、多酚类化合物的含量，从而可以防止自由基的氧化，强化人体组织细胞的功能，增加人体免疫力和新陈代谢功能，降低三高，减少人体的患疾病的概率，对人体健康有着至关重要的作用。

抗氧化物质清除自由基的途径和作用机制包括：直接清除活性氧自由基、增强抗氧化酶活性、阻断脂质过氧化链式反应、减少DNA损伤，从而减少自由基对人体的氧化损伤。因此开发抗氧化物质，尤其是从自然界的动植物和微生物中提取分离具有抗氧化活性的物质已成为生物、医学、化学领域研究的热点。

藻胆蛋白具有强抗氧化作用，而且其抗氧化作用可能是藻胆蛋白抗癌、增强免疫、抗菌等作用的基础。

5.3.1 抗氧化性的测定方法及其原理

抗氧化活性主要表现在抑制脂质氧化降解、清除自由基、抑制促氧化剂（如螯合过渡金属）和还原能力等方面。

相对应的体外抗氧活性化测定方法主要有四种：脂类过氧化物抑制率测定、活性氧自由基清除率测定、金属螯合力测定、还原力测定。每种方法各自代表一个方面，各有优缺点，应根据测定目的选择合适的方法，最好采用多种测试方法综合评判抗氧化性能。

通常的抗氧化性测定体系是建立在体外模型的基础上的。其实抗氧化活性研究模型除体外模型外，更重要的是建立在体内模型、细胞损伤模型上。

选择抗氧化活性的测定方法的要求有：①能说明测试体系中发生的反应，并能用明确的动力学图解描述；②再现性；③效率高；④简单；⑤能连续检测；⑥使用与体内或食品有关的活性自由基；⑦被测物的浓度在食品中或在生物体内能得到；⑧适合测定纯溶液及复杂生物组织和天然产物；⑨适用于水溶性和脂溶性的化合物。

1. 活性氧自由基清除率测定

基本原理：自由基清除试验是通过测定抗氧化剂清除自由基的能力来评价总抗氧化活性。

A+氧化体系→A.自由基→在抗氧化物质激发下→A

自由基体系→在抗氧化物质激发下→A→产生荧光

常见方法有：ABTS、DPPH法、DMPD法、Fremy自由基和galvinoxyl法、氧自由基吸收能力法（ORAC）、清除抗氧化能力法（TRAP）、二氯荧光素二乙酸酯法（DCFH-DA）、总氧自由基清除能力法（TOSC）、藏花素漂白法、化学发光法、β-胡萝卜素漂白法等。

（1）DPPH法和ABTS法。大部分自由基性质活泼，寿命很短。但DPPH·和ABTS+·自由基例外，是稳定的自由基。ABTS·+和DPPH分别是代表水溶性和脂溶性的总抗氧化能力，也是目前最简便、最常用的测定抗氧化活性的方法。

1）DPPH法：是1950年代提出的，最初用于发现食物中的供氢体，后来广泛用于定量测定生物试样、酚类物质和食品的抗氧化能力。DPPH·（2,2'-diphenyl1picrylhydrazyl，2,2-二苯代苦味酰基苯肼）是一种以氮为中心的稳定的自由基，溶于乙醇，用无水乙醇配制的DPPH·乙醇溶液显紫色，在517nm处有最大光吸收。当反应系统中存在抗氧化物质（如有供氢能力的酚类）时，其充当自由基清除剂，能快速清除DPPH自由基，使DPPH·溶液的颜色变浅，则517nm处的吸光度变小，其褪色程度与接受的电子数成定量关系，因而可用分光光度法进行定量分析，根据吸光度的变化带入公式来计算待测样品的自由基清除率，根据清除率的大小来比较不同待测样品的抗氧化性能（王琪等，2008；杨瑞丽等，2011；彭长连等，2000）。优点：操作简单，难度低。缺点：自由基为人工产生，非人体内所有。自由基选择性强，不与只有一个羟基的芳香酸、无羟基的类黄酮反应。类胡萝卜素与DPPH工作液同时在517nm处有吸收峰，将影响实验结果。所有的还原剂都能对DPPH工作液起作用，实验结果存在一定的误差。

2）ABTS法：ABTS可被各种氧化剂氧化生成蓝绿色的自由基阳离子 ABTS·+，ABTS·+相当稳定。在有供氢能力的抗氧化剂（如酚类物质）存在下，抗氧化剂与ABTS·+反应，使ABTS+·还原变成没有颜色的ABTS。在特征吸收峰下比色，清除能力用TEAC（Trolox Equivalent

Antioxidant Capacity，trolox当量抗氧化能力）表示。广泛用于食品和天然水溶性酚类物质的抗氧化活性的测定。

（2）羟自由基（OH·）清除试验。OH·是体内最活泼的活性氧，也是已知的对生物分子破坏能力最强的自由基之一。

1）α–脱氧核糖法。利用Fe^{3+}–EDTA–Vc–H_2O_2体系产生OH·，然后脱氧核糖受OH·攻击裂解，产物在加热、酸性条件下与硫代巴比妥酸（TBA）反应生成粉红色化合物。因而样品对脱氧核糖裂解的抑制作用就反映了其抗氧化性。反应过程为

$$Fe^{3+}–EDTA+抗坏血酸 \rightarrow Fe^{2+}–EDTA$$
$$Fe^{2+}–EDTA+H_2O_2 \rightarrow OH·+Fe^{3+}–EDTA$$
$$OH·+脱氧核糖+TBA \rightarrow 粉红色化合物$$

2）铁–邻二氮菲法。利用H_2O_2/Fe^{2+}通过Fenton反应产生OH·，邻二氮菲–Fe^{2+}溶液被OH·氧化成邻二氮菲–Fe^{3+}。邻二氮菲–Fe^{2+}（橙红色）的褪色程度可用来衡量OH·的清除量。

（3）超氧阴离子（O2-·）清除试验

1）氯化硝基四氮唑蓝（NBT）法。黄嘌呤–黄嘌呤氧化酶体系产生$O^{2-}·$，NBT被$O^{2-}·$还原成蓝紫色的formazane。比色formazane即间接测定$O^{2-}·$。

2）过硫酸铵/四甲基乙二胺（AP–TEMED）法。通过过硫酸铵/N,N,N',N'–四甲基乙二胺体系产生氧自由基，然后采用不同的方法测定。反应机理为$O^{2-}·$与羟胺溶液反应生成NO^{2-}，NO^{2-}经对氨基苯磺酸和α–萘胺显色在530nm附近有专一吸收峰，通过检测NO^{2-}间接检测$O^{2-}·$。

3）邻苯三酚（MTT）法。邻苯三酚在碱性条件下自动氧化，不断释放出$O^{2-}·$，$O^{2-}·$可进一步促进自氧化。在邻苯三酚自氧化30~40s后，中间物积累浓度与时间呈线性关系，一般线性时间可维持4min左右，可求得自氧化速率来表征$O^{2-}·$的清除能力。

（4）FRAP测定法。该方法的原理是铁离子的氧化还原反应，待测物质中的抗氧化物质充当还原剂，测定将氧化剂Fe^{3+}还原成Fe^{2+}的性能，通过测量反应体系中Fe^{2+}的含量，计算出还原剂的含量，进而比较不同待测物质的抗氧化性能。

优点：操作简单，重复性好。缺点：实质是氧化还原反应，对氢转移反应的物质不起作用，实验结果有一定误差，且该法测定的是将Fe^{3+}还原成Fe^{2+}的性能，没有生物学抗氧化性能的相关性。

（5）TRAP法。是测定总自由基清除抗氧化性能的方法。以ABTS（2，2'氨基–二（3–乙基–苯并噻唑–6–磺酸）铵盐）为显色剂。

　　ABTS在过氧化氢引发剂AAPH的作用下，可生成自由基，其混合液为蓝色，在734nm处有吸收峰，待测样品中的抗氧化物质与工作液反应，使工作液的颜色变浅，导致溶液在734nm处吸光度减小，利用比色法测定自由基清除状况，以维生素C为标准物，制作标准曲线，测量抗氧化性能。

　　优缺点：是常用的检测血浆和血清体系的总抗氧化能力的方法，检查非酶类的抗氧化物质。不能用来测酶类的抗氧化性能，如维生素E、β-胡萝卜素、谷胱甘肽、维生素C等。

　　（6）TEAC法。ABTS和过氧化物酶和氢过氧化物反应生成ABTS$^+$阳离子自由基。它和待测样品中的抗氧化剂反应后会使吸光度下降，降幅大小表示抗氧化性能的大小，用TEAC表示测试的结果。结果是待测样品中的抗氧化剂清除ABTS$^+$阳离子自由基的性能与标准化合物维生素C清除ABTS+阳离子自由基的比值。

　　优缺点：操作简单，适用范围广，ABTS$^+$阳离子自由基并不是生理自由基，缺乏相关生物学活性，与FRAR的实验方法相似，并且针对不同的待测样品的反应时间不同，因此不能定量的测待测样品的抗氧化性能，只可以定性测待测样品的抗氧化性能。

　　（7）ORAC法。利用自由基会抑制某种蛋白产生荧光，抗氧化剂会抑制这种抑制作用的产生，利用荧光强度反应抗氧化活性。ORAC法是国际上通用的评价食品氧化的标准方法，主要检测抗氧化物质对由AAPH产生的过氧化自由基的清除效果。该过程发生在 37℃下，借助氢原子的转移来实现。缺点：仪器设备较复杂，检测成本较高。

　　（8）二氯荧光素二乙酸酯（DCFH-DA）法。测定总自由基清除能力。AAPH产生的过氧自由基氧化DCFH-DA生成 DCF（Dichlorofluorescein，二氯荧光黄）。DCF有很强的荧光，在504 nm有吸收，因此可用荧光法或分光光度法检测。

　　（9）总氧自由基清除能力（TOSC）。一种新的测量体外抗氧化活性的方法。根据过氧自由基、过氧化氮或·OH 将KMBA氧化生成乙烯，生成的乙烯可用顶空气相色谱检测。在有抗氧化剂存在时，抗氧化剂与KMBA对过氧自由基竞争反应，乙烯的形成被部分抑制。

　　（10）藏花素漂白法（crocin bleaching test）。用于测定复杂混合物和食品的抗氧化能力。藏花素是一种天色化合物（类胡萝卜素的一种），在443nm有强吸收。在有过氧自由基（可由AAPH或ABAP热分解生成）时，藏花素颜色变浅（被漂白）；添加抗氧化剂后，藏花素的漂白速率减慢。缺点：藏花素本身也是一种抗氧化剂。

2. 总还原力测定

还原力测定源于Oyaizu（1986）的方法，以普鲁士蓝$Fe_4(Fe(CN)_6)$生成量为指标。将赤血盐$K_3Fe(CN)_6$还原成黄血盐，再利用Fe^{2+}形成普鲁士蓝。700 nm吸光值反映普鲁士蓝的生成量，吸光度值越大，样品还原力值愈强，表示抗氧化效果愈佳。还原力对于同一物质只是剂量反应，加大浓度对反应性质没有影响。

该类方法的基本原理：测定抗氧化剂的还原能力，实质是检验物质是否为良好的电子供应者。还原力强的物质供应的电子除可以还原氧化性物质外，也可与自由基反应，使自由基成为稳定的物质。

主要方法有：铁离子还原测定法、铜离子还原测定法、总酚测定法和循环伏安法，此外还有其他金属离子的还原测定，如锰离子等。常用的有铁、铜离子还原法，总酚测定法。

铁离子还原能力（FRAP）法：经常使用的是基于氧化还原反应的比色法。当体系里pH值小于7时，体系当中的Fe^{3+}–TPTA（Fe^{3+}–三吡啶三嗪）被抗氧化剂还原成Fe^{2+}–TPTz，体系的颜色会成为深紫色，产 物在593nm处有强吸收峰。 优点：简单，易操作，可以重复。该方法主要用在食品业，抗氧化剂开发领域。 缺点：能还原三价铁的并非只是抗氧化剂，同时有些促抗氧化剂在试 验中可能会无法体现，同时无法测定硫醇化合物的还原能力。

3. 抗脂质过氧化（LPO）试验

生物体内细胞膜的流动性和渗透性由其磷脂等成分保证，过多的自由基袭击、油脂过氧化会导致细胞死亡。因此，抗氧化剂对脂类氧化的抑制作用至关重要。

基本原理：脂质中的不饱和脂肪酸自动氧化，生成不稳定的氢过氧化物，氢过氧化物继续分解形成短碳链的醛、酮、酸等小分子化合物。抗氧化剂的加入可以延缓氢过氧化物及其分解产物的形成，由此可测得抗氧化活性。

常见方法：过氧化值（Peroxide Value，PV）法；共轭二烯过氧化物法；硫氰酸铁法（Ferric Thioeyanate Method，FTC）；硫代巴比妥酸法（thiobarbituric acid，TBA）；2,4-二硝基苯肼法；克雷斯实验法（Kreis test）；茴香胺值（Anisidine Value）等。

测定氧化前期的有PV法、共轭二烯过氧化物法、FTC法等。测定氧化后期的有TBA、克雷斯实验法、茴香胺值法等。

4. 金属螯合力测定

在Fenton反应前，金属螯合降低过渡金属酶的浓度，还原性样品与H_2O_2竞争，因而在抗氧化性能测定中显得至关重要。如铁氰化钾还原法。

在SCI文章中出现频率最高的10种测定抗氧化性的方法为：DPPH法、羟自由基清除试验、超氧自由基清除试验、ABTS、FRAP、ORAC、总酚估计法、TBARS法、硫酸氰铁法、螯合金属离子法。第二届国际抗氧化方法会议上公认ORAC是最好的方法，推荐使用ORAC、总酚估计法。

尽管已经建立了多种抗氧化性测定方法，但目前仍无法正常评价物质的体内抗氧化能力，原因有：①抗氧化活性的化学测定方法无法真实模拟生理环境，没有考虑药物跨膜进入细胞、药物吸收及其与载体或酶等生物大分子之间的相互作用；②体内新陈代谢作用大大增加了活性物质抗氧化能力的不确定性，未考虑代谢毒性及生物有效利用性；③生物体抗氧化反应途径多样复杂，各体系间相互作用；④抗氧化剂与生物体液一般是混合的，其中每一种物质对不同测量方法的贡献不同；⑤测定的样品大多为植物提取物，成分复杂，其抗氧化作用无法用单一的机制解释；⑥抗氧化活性还受很多因素如在水相和有机相间分配效应、氧化条件和环境以及氧化底物物理状态等的影响。

5.3.2　藻的抗氧化性

DPPH法测定螺旋藻粉的抗氧化性能。

主要试剂和器材有：DPPH（分析纯，TCI化成工业发展有限公司生产）、邻苯三酚（分析纯）。紫外可见光分光光度计，型号UV-5100，上海元析仪器有限公司生产。

DPPH工作液的配制：准确称量DPPH，倒入100mL锥形瓶中，加入无水乙醇，完全溶解，配制浓度为200μmol/L的DPPH工作液，放入4℃的冰箱中避光保藏，4小时内用完。

DPPH法测定抗氧化性的原理：用无水乙醇配置DPPH工作液，工作液呈深紫色，其在517nm处有吸收峰。当反应体系中存在抗氧化物质，其充当自由基清除剂，能快速的清除DPPH自由基，使其颜色变浅，在517nm下吸收峰减小，将吸光度带入公式，计算清除率，评定抗氧化性能。

DPPH法测定抗氧化性的步骤：取螺旋藻粉0.03g，加入到5mL的离心管中，按照1∶30的比例，加入0.9mL的的1%盐酸酸化的70%的乙醇提取液，充分震荡，避光反应提取90min。取500μL的螺旋藻粉提取液样品的上清液加入到1mL的离心管中，12000rpm离心8分钟，取150μL离心后的待测样品的上清液加入到5mL的离心管中，加入3mL的DPPH工作液，充分震荡，继续避光反应30min后，以150μL待测样品加3mL DPPH工作液为样品组，以等量无水乙醇加DPPH工作液为空白组，样品组和空白组各稀释3倍，在517nm下测量吸光度，带入公式计算清除率。清除率=（1－$A_{样品}/A_{空白}$）×100%。每个样品平行做三次，求平均值。

螺旋藻粉的抗氧化试验结果表明，螺旋藻粉的自由基清除率为螺旋藻粉72.9%，表明螺旋藻粉的抗氧化性能较强，这可能与其含有较高含量的多糖和藻胆蛋白有关。

5.3.3　天然藻胆蛋白的抗氧化性

藻胆蛋白是红藻和蓝藻中光合作用的主要捕光色素蛋白，由脱辅基蛋白和藻胆素组成。藻胆素是一种开环的四吡咯化合物，通过共价键连接在脱辅基蛋白上。藻胆素的结构与胆红素非常相似。胆红素是一种高效的自由基清除剂（Stocker et al，1987），因此推测藻胆素也具有清除自由基的功能。实验证明，藻胆蛋白在不同体系中都表现出清除自由基和抑制单线态氧的能力（Tapia et al，1999），在体内和体外都可以防止脂质体过氧化，保护DNA不受破坏（Hirata et al，1999，2000），同时还具有消除炎症的功能，并且Pinero等（2001）发现藻胆蛋白的抗氧化活性随其纯度的增加而增加。另外，藻胆蛋白在各种体内体外实验模型中都发现有抗炎症的作用（Romay et al，1998a，b；Gonzales et al，1999），这也可能与其抗氧化活性有关。实验表明，藻胆蛋白清除自由基的能力主要与藻胆蛋白中的藻胆素有关。Pinero等（2001）认为，藻胆蛋白具有清除自由基的功能。周站平等（2005）的研究结果表明，藻胆蛋白对自由基的清除是有条件的，藻胆蛋白具有生成和清除自由基的双重功能，光照是调控自由基清除与产生的关键因素。

用ABTS·$^{+}$清除实验评价PC抗氧化活性，研究结果表明，PC较强的抗氧化活性，PC的抗氧化能力随着蛋白浓度的增加而增加，并表现出浓度剂量效应。

不同藻类中的相同藻胆蛋白的抗氧化性存在差异。Phormidium fragile中的PC抗氧化活性分别是硫酸亚铁、抗坏血酸、没食子酸、尿酸和VE的4.25、1.78、0.94、3.98、2.65倍（Soni et al.，2008）。

同一种藻中的不同藻胆蛋白的抗氧化性不同。C-PC的抗氧化活性强于别藻蓝蛋白（APC）（王庭健，2005）。葛仙米PC、PE对H_2O_2、·OH、

O_2^-·具有清除作用，且能明显降低丙二酸生成及血和肝中过氧化物的含量（汪兴平等，2005，2007）。

用ABTS·$^+$清除实验评价螺旋藻中分离纯化的CPC、APC的抗氧化性。CPC、APC的纯度指数均大于5，实验结果表明，CPC在蛋白浓度分别为0.05、0.1、0.15mg/mL时，自由基清除率分别为45%、70%、85%。APC在蛋白浓度分别为0.1、0.2、0.45mg/mL时，自由基清除率分别为50%、70%、88%。

5.3.4 藻胆蛋白多肽的抗氧化性

蛋白酶解多肽是近年来天然抗氧化剂的一个研究热点。关于蛋白酶解多肽的研究一般集中在蛋白酶的选择、多肽活性的测定、多肽混合物的分离、氨基酸序列的鉴定等方面。一般综合考虑酶解过程中的水解度变化和所得多肽的抗氧化活性选择蛋白酶。蛋白经过酶解所得多肽的抗氧化活性往往高于蛋白质本身，使得酶解多肽成为简便可靠的获取高活性抗氧化剂的有效方法。

不同的蛋白酶酶解藻胆蛋白的能力不同。用胰蛋白酶、碱性蛋白酶、木瓜蛋白酶、胃蛋白酶酶解螺旋藻C–PC，在C–PC蛋白浓度为1.25%，C–PC:酶=33mg:10U，在各种酶的最适pH值和温度下酶解6小时，然后水浴煮沸15min终止反应，用截留分子量为10kDa的超滤膜超滤，获得C–PC酶解多肽溶液。实验结果发现，胰蛋白酶降解C–PC的能力最强，降解率达88%，碱性蛋白酶与木瓜蛋白酶的降解率接近，约为45%，胃蛋白酶的降解率仅为7%。ABTS·$^+$清除实验测定四种酶酶解的CPC蛋白多肽溶液的自由基清除率，用30μg/mL的酶解多肽液进行实验，胰蛋白酶、碱性蛋白酶、木瓜蛋白酶的酶解螺旋藻C–PC多肽液的自由基清除率分别为81%、77%、71%。选用酶解能力最强的胰蛋白酶酶解制备螺旋藻CPC酶解肽的自由基清除能力存在量效关系，在多肽浓度为0.01、0.02、0.03、0.04、0.08mg/mL时自由基清除率分别为29%、45%、68%、80%、94%。

酶解前后藻胆蛋白的抗氧化活性研究发现，酶解藻胆蛋白多肽的抗氧化活性是酶解前藻胆蛋白的5倍。

PC在酶解前后吸收光谱发生变化：由于酶解，PC在620nm处的吸光度值下降并蓝移至590nm，小于400nm波段的吸收显著增强。从颜色观察，PC为蓝色，酶解PC多肽为紫色。PC有3个发色团，即α–Cys84、β–Cys82和β–Cys155，其三聚体620nm处的特征吸收的消失标志着CPC高级结构破坏，酶解过程打断C–N键，形成–COOH端和–NH$_2$端，–COOH本身在204nm处有最大吸收，由于体系中存在共轭结构使其红移，从而产生219nm处的最大吸收。酶解过程中PC高级结构被破坏，暴露出更多的氨基酸残基，而酪氨酸、色氨酸、苯丙氨酸、肤氨酸、组氨酸等氨基酸的紫外可见吸收主要集中在400nm以下，因此导致CPC的酶解多肽与PC相比，在400nm以下的波段的吸收值显著增强。

5.3.5 重组藻胆蛋白的抗氧化性

秦松课题组利用基因工程技术从蓝藻*Anacy stis nidulans* UTEX625中克隆了APC 基因，并在大肠杆菌中表达了制备了带有His标签和MBP标签的重组别藻蓝蛋白His-α^{APC}、His-β^{APC}、His-APC和MBP-α^{APC}、MBP-β^{APC}和MBP-APC等，以2，2-盐酸脒基丙烷（AAPH）为自由基生成者，应用藏红花素退色反应为检测清除氢过氧自由基的方法测定了重组APC的抗氧化性。实验结果表明His-α^{APC}、His-β^{APC}、His-APC一定的清除氢过氧自由基的能力，其中His-β^{APC}清除氢过氧自由基的IC_{50} 值达到27.2 mg/ L，大于天然APC（IC_{50} 57 .5 mg/ L），而带有MBP 标签的重组别藻蓝蛋白MBP-α^{APC}、MBP-β^{APC}和MBP-APC则无明显的氢过氧自由基清除能力（韩璐等，2007；Qin et al.，2004；Ge et al.，2006）。

5.3.6 天然与变性藻胆蛋白的抗氧化性差异

周站平等（2005）研究了藻胆蛋白中的脱辅基蛋白的构象对藻胆素清除自由基的能力的影响。天然状态下的APC 在光照下具有生成自由基的能力。SDS 变性后的APC在光照下APC 生成自由基的能力降低，清除自由基的能力明显增强。这表明，经过SDS 变性后，APC 的脱辅基蛋白已经完全变性，多肽链解开，藻蓝胆素外露，因此APC 的自由基清除能力受到了其结构变化的影响。天然状态下的藻胆蛋白更有利于光能的吸收与传递，而不是自由基清除的理想状态，这与藻胆蛋白在体内的生理功能相一致。APC 的高级结构决定着光谱特性。天然状态下藻胆蛋白的色素基团是与脱辅基蛋白紧密结合在一起，只有藻胆蛋白维持一定的三维构象，藻胆蛋白才具有吸收和传递光能的功能（MacColl ，1998）。而色素基团是藻胆蛋白生成和清除自由基起主要作用的组分，因此藻胆蛋白的构象变化会对其生成和清除自由基的能力产生影响。只有当藻胆蛋白变性、脱辅基蛋白松散、藻胆素外露时，才有利于自由基的清除。

参考文献

［1］Abalde, J, Betancourt, L, Torres, E, et al., 1998. Purification and characterization of phycocyanin from marine cyanobacterium Synechococcus sp. IO9201. Plant Sci, 136: 109–120.

［2］Adir N & Lerner N. 2003. The Crystal Structure of a novel unmethylated form of C–phycocyanin, a possible connector between cores and rods in phycobilisomes. J Biol Chem, 278 (28): 25926–25932.

［3］Apt KE, Collier JL, Grossman AR. 1995, Evolution of the phycobiliproteins. J Mol Biol, 248 (1): 79–96.

［4］Avrameas S. 1969. Coupling of enzyme to proteins with Glutaraldehyde, Immunochem, 6: 43–52.

［5］Avrameas S. and Temynck T. 1969. The cross–linking of proteins with glutaraldehyde and its use for the preparation of immunosorbents. Immunochem, 6: 53–66.

［6］Babu, BR, Rastogi, NK, Raghavarao, KSMS. 2006. Mass transfer in osmotic membrane distillation of phycocyanin colorant and sweet–lime juice. J Membrane Sci, 272 (1–2): 58–69.

［7］Batard P, Szollosi J, Luescher I, et al., 2002. Use of phycoerythrin and allophycocyanin for fluorescence resonance energy transfer analyzed by flow cytometry: advantages and limitations. Cytometry, 48: 97–105.

［8］Baumgarth N & Roederer M. 2000. A practical approach to multicolor flow cytometry for immunophenotyping. J Immunol Methods, 243: 77–97.

［9］Beale S, Cornejo J. 1991a, Biosynthesis of phycobilins. Ferredoxinmediated reduction of biliverdin catalyzed by extracts of Cyanidium caldarium. J Biol Chem, 266: 22326–22332.

［10］Beckers G, Berzborn RJ and Strotmann H. 1992. Zero–length crosslinking between subunits delta and I of the H (+) –translocating ATPase of chloroplasts. Biochim Biophys Acta, 1101: 97–104

［11］Benavides, J, Rito–Palomares, M. 2004. Bioprocess intensification:

a potential aqueous two-phase process for the primary recovery of B-phycoerythrin from Porphyridium cruentum. J Chromatogr B Analyt Technol Biomed Life Sci, 807（1）：33-38.

［12］Benavides, J & Rito-Palomares, M. 2006. Simplified two-stage method to B-phycoerythrin recovery from Porphyridium cruentum. J Chromatogr B Analyt Technol Biomed Life Sci, 844（1）：39-44.

［13］Benedetti, S, Rinalducci, S, Benvenuti, F, et al., 2006. Purification and characterization of phycocyanin from the blue-green alga Aphanizomenon flos-aquae. J Chromatogr B Analyt Technol Biomed Life Sci, 833（1）：12-18.

［14］Bennett A & Bogorad L. 1973. Complementary chromatic adaption in a filamentous blue-green alga. J. Cell Biol, 58：419-435.

［15］Bermejo R, Talavera EM, Alarez-Pez JM, et al., 1997. Chromatographic purification of biliproteins from Spirulina plarensis high-performance liquid chromatographic separation of their α and β subunits. J. Chromatogr. A., 778：441-450.

［16］Bermejo Roman, R, Alvarez-Pez, JM, Acien Fernandez, FG, et al., 2002. Recovery of pure B-phycoerythrin from the microalga Porphyridium cruentum. J Biotechnol, 93（1）：73-85.

［17］Bermejo, P, Pinero, E, Villar, AM 2008. Iron-chelating ability and antioxidant properties of phycocyanin isolated from a protean extract of Spirulinaplatensis. Food Chem, 110（2）：436-445.

［18］Bermejo, R, Acien, FG, Ibanez, MJ, et al., 2003. Preparative purification of B-phycoerythrin from the microalga Porphyridium cruentum by expanded-bed adsorption chromatography. J Chromatogr B Analyt Technol Biomed Life Sci, 790（1-2）：317-325.

［19］Bermejo, R, Felipe, MA, Talavera, EM, et al., 2006. Expanded bed absorption chromatography for recovery of phycocyanins from the microalga Spirulina platensis. Chromatographia, 63：59-66.

［20］Bermejo, R, Ruiz, E, Acien, FG. 2007. Recovery of B-phycoerythrin using expanded bed adsorption chromatography：scale-up of the process. Enzyme Microb Technol, 40：927-933.

［21］Bermejo, R, Talavera, EM, Alvarez-Pez, JM. 2001. Chromatographic purification and characterization of B-phycoerythrin from Porphyridium cruentum. Semipreparative high-performance liquid chromatographic separation and characterization of its subunits. J Chromatogr A, 917（1-2）：135-145.

［22］Bernard, C, Thomas, JC, Mazel, D, et al., 1992. Characterization of the genes encoding phycoerythrin in the red alga Rhodella violacea: evidence for a splitting of the rpeB gene by an intron. Proc Natl Acad Sci USA, 89（20）: 9564-9568.

［23］Berns, DS & MacColl, R. 1989, Phycocyanin in physical-chemical studies. Chem Rev, 89: 807-825.

［24］Bhat, VB & Madyastha, KM. 2001. Scavenging of peroxynitrite by phycocyanin and phycocyanobilin from Spirulina platensis: protection against oxidative damage to DNA. Biochem Biophys Res Comm, 285（2）: 262-266.

［25］Bhat, VB & Madyastha, KM. 2000. C-phycocyanin: a potent peroxyl radical scavenger in vivo and in vitro. Biochem Biophys Res Commun, 275（1）: 20-25.

［26］Bogorad, L. 1975. Phycobiliproteins and complementary chromatic adaptation. Annu Rev Plant Physiol, 26（1）: 369-401.

［27］Borowitzka, MA 2013. High-value products from microalgae-their development and commercialisation. J Appl Phycol, 25: 743-756.

［28］Boussiba, S & Richmond, AE, 1980. C-phycocyanin as a storage protein in the blue-greeen agla Spirulina platensis. Arch Microbiol, 125: 143-147.

［29］Boussiba, S & Richmond, AE. 1979. Isolation and characterization of phycocyanins from the blue-green alga Spirulina platensis. Arch Microbiol, 12: 155-159.

［30］Brejc, K, Ficner, R, Huber, R. et al., 1995. Isolation, crystallization, crystal structure analysis and refinement of allophycocyanin from the cyanobacterium Spirulina platensis at 2.3 Å resolution. J Mol Biol, 249（2）: 424-440.

［31］Brinkley, M. 1992. A brief survey of methods for preparing protein conjugates with dyes, haptens and cross-linking reagents. Bioconjugate Chem, 3: 2-13.

［32］Bryant, DA, de Lorimier, R, Lambert, DH, et al., 1985. Molecular cloning and nucleotide sequence of the alpha and beta subunits of allophycocyanin from the cyanelle genome of Cyanophora paradoxa. Proc Natl Acad Sci USA, 82（10）: 3242-3249.

［33］Bryant, DA, Dubbs, JM, Fields, PI, et al., 1985. Expression of phycobiliprotein genes in Escherichia coli, FEMS Microbiology Letters, 29

（3）：343–349.

[34] Bryant, DA, Stirewalt, VL, Glauser, M, et al., 1991. Small multigene family encodes the rod-core linker polypeptides of Anabaena sp. PCC7120 phycobilisomes. Gene, 107（1）：91–99.

[35] Buisson, M & Reboud, AM, 1982. Carbodiimide-induced protein-RNA crosslinking in mammalian ribosomal subunits. FEBS Lett, 148（2）：247–250.

[36] Cai, YA, Murphy, JT, Wedemayer, GJ, et al., 2001. Recombinant phycobiliproteins. Recombinant C-phycocyanins equipped with affinity tags, oligomerization and biospecific recognition domains. Anal Biochem, 290：186–204.

[37] Carlsson, J, Drevin, H, and Axen, R. 1978. Protein thiolation and reversible protein-protein conjugation. N-succinimidyl 3-（2-pyridyldithio）propionate, a new heterobifunctional reagent. Biochem J, 173：723–737.

[38] Catt, KJ & Tregear, GW, 1967. Solid phase radioimmunoassay in antibody coated tubes, Science, 158：1570–1572.

[39] Chaiklahan, R, Chirasuwan, N, Bunnag, B. 2012. Stability of phycocyanin extracted from Spirulina sp.：influence of temperature, pH and preservatives. Process Biochem, 47：659–664.

[40] Chakdar, H & Pabbi, S. 2012. Extraction and purification of phycoerythrin from Anabaena variabilis （CCC421）. Phykos, 42（1）：25–31.

[41] Chakdar, H & Pabbi, S. 2016. Cyanobacterial Phycobilins：Production, Purification, and Regulation. Springer India.

[42] Chang, WR, Jiang, T, Wang, ZL, et al., 1996. Crystal structure of R-phycoerythrin from *Polysiphonia urceolata* at 2.8 Å resolution. J Mol Biol, 262：721–731.

[43] Chen, N & Chrambach, A. 1996. Improved resolution in the gel electrophoresis of proteins by a periodically interrupted electric field. J Biochem Biophys Methods, 33（3）：163–170.

[44] Chen, T, Wong, YS, Zheng, W. 2006. Purification and characterization of selenium-containing phycocyanin from selenium-enriched Spirulina platensis. Phytochemistry, 67（22）：2424–2430.

[45] Chethana, S, Nayak, CA, Madhusudhan, MC, et al., 2015. Single step aqueous two-phase extraction for downstream processing of C-phycocyanin from Spirulina platensis. J Food Sci Technol, 52（4）：2415–

2421.

[46] Chethana, S, Rastogi, NK, Raghavarao, KS, 2006. New aqueous two phase system comprising polyethylene glycol and xanthan. Biotechnol Lett, 28 (1): 25-28.

[47] Chueh, CC. Method of allophycocyanin inhibition of enterovirus and influenza virus reproduction resulting in cytopathic effect [P]. 2002, US634640.

[48] Cian, RE, Lopez-Posadas, R, Drago, SR, et al., 2012. Immunomodulatory properties of the protein fraction from Phorphyra columbina. J Agric Food Chem, 60 (33): 8146-8154.

[49] Cohen S & Porter RR, 1964. Structure and biological activity of immunoglobulins. Advance Immunol, 4: 287.

[50] Conley, PB, Lemaux, PG, Lomax, TL, et al., 1986. Genes encoding major light-harvesting polypeptides are clustered on the genome of the cyanobacterium Fremyella diplosiphon. Proc Natl Acad Sci USA, 83 (11): 3924-3928.

[51] Contreras-Martel, C, Legrand, P, Piras, C, et al., 2001. Crystallization and 2.2 Å resolution structure of R-phycoerythrin from Gracilaria chilensis: a case of perfect hemihedral twinning. Acta Cryst Section D: Bio / Cryst, 57 (Pt6): 52-60.

[52] Cornejo, J, Willows, RD, Beale, SI. 1998. Phytobilin biosynthesis: cloning and expression of a gene encoding soluble ferredoxin-dependent heme oxygenase from Synechocystis sp. PCC 6803. Plant J, 15: 99-107.

[53] Crossman, DC, Dashwood, MR, Taylor, GW, et al., 1993. Sodium cromoglycate: evidence of tachykinin antagonist activity in the human skin. J Appl Physiol, 75 (1): 167-172.

[54] Cubicciotti, R. 1997. Phycobilisomes derivatives and uses therefor. US Patent No. 5695990.

[55] Cumber, AJ, Forrester, BMJ, Foxwell, WCJ, 1985. Preparation of Antibody-Toxin Conjugates. In: Widder, KJ & Green, R. Methods in Enzymology. NY: Academic Press, 112: 207-224.

[56] De Lorimier, R, Bryant, DA, Porter, RD, et al., 1984. Genes for the alpha and beta subunits of phycocyanin. Proc Natl Acad Sci U S A, 81 (24): 7946-7950.

[57] de Marsac, NT. 2003. Phycobiliproteins and phycobilisomes: the early observations. Photosynthesis Research, 76 (1-3): 197-205.

［58］De Rosa, SC, Brenchley, JM, Roederer, M. 2003. Beyond six colors: a new era in flow cytometry. Nat Med. 9: 112–117.

［59］Diamond, AD & Hsu, JT. 1992. Aqueous two–phase systems for biomolecule separation. Adv Biochem Eng Biotechnol, 47: 89–135.

［60］Doke, JH. 2005. An improved and efficient method for the extraction of phycocyanin from Spirulina sp. Int J Food Eng, 1（5）: 85–91.

［61］Duerring, M, Huber, R, Bode, W, et al., 1990. Refined three–dimensional structure of phycoerythrocyanin from the cyanobacterium Mastigocladus laminosus at 2.7 Å. J Mol Biol, 211（3）: 633–644.

［62］Duerring, M, Schmidt, GB, and Huber R. 1991. Isolation crystallization, crystal–structure analysis and refinement of constitutive C–phycocyanin from the chromatically adapting cyanobacterium *Fremyella diplosiphon* at1.66Å resolution. J MolBiol, 217: 577–592.

［63］Dufosse, L, Galaup, P, Yarnon, A, et al., 2005. Microorganisms and microalgae as source of pigments for use: a scientific oddity or an industrial reality. Trends Food Sci Technol, 16（9）: 389–406.

［64］Duke, CS, Cezeaux, A, Mennes, M, et al., 1989. Changes in polypeptide composition of *Synechocystis sp.* 6308 phycobilisomes induced by nitrogen starvation. J Bacteriol, 171（4）: 1960–1966.

［65］Eriksen, NT, 2008. Production of phycocyanin––a pigment with applications in biology, biotechnology, foods and medicine. Appl Microbiol Biotechnol, 80（1）: 1–14.

［66］Everroad, C, Six, C, Partensky, F, et al., 2006. Biochemical bases of type IV chromatic adaptation in marine Synechococcus spp. J Bacteriol, 188（9）: 3345–3356.

［67］Fairchild, CD & Glazer, AN, 1994. Oligomeric structure, enzyme kinetics, and substrate specificity of the phycocyanin α subunit phycocyanobilin lyase. J Biol Chem, 269: 8686–8694.

［68］Ficner, R & Huber, R. 1993, Refined crystal structure of phycoerythrin from Porphyridium cruentum at 0.23–nm resolution and localization of the gamma subunit. Eur J Biochem, 218（1）: 103–106.

［69］Ficner, R, Lobeck, K, Schmidt, G, et al., 1992. Isolation, crystallization and crystal–structure analysis and refinement of B–phycoerythrin from the red alga *Porphyridium sordidum* at 2.2 Å resolution. J Mol Biol, 228（3）: 935–950.

［70］Fisher, RG, Woods, NE, Fuchs, HE, et al., 1980. Three-dimensional structures of C-phycocyanin and B-phycoerythrin at 5 Å resolution. J Biol Chem, 255 (11): 5082-5089.

［71］Fukui, K, Saito, T, Noguchi, Y, et al., 2004. Relationship between color development and protein conformation in the phycocyanin molecular. Dyes and Pigments, 63: 89-94.

［72］Furuki, T, Maeda, S, Imajo, S, et al., 2003. Rapid and selective extraction of phycocyanin from Spirulina platensis with ultrasonic cell disruption. J Appl Phycol, 15: 319-324.

［73］Galland-Irmouli, AV, Pons, L, Lucon, M, et al., 2000. One-step purification of R-phycoerythrin from the red macroalga Palmaria palmata using preparative polyacrylamide gel electrophoresis. J Chromatogr B Biomed Sci Appl, 739 (1): 117-123.

［74］Gantar, M, Simovic, D, Djilas, S, et al., 2012. Isolation, characterization and antioxidative activity of C-phycocyanin from Limnothrix sp. strain 37-2-1. J Biotechnol, 159 (1-2): 21-26.

［75］Gantt, E. 1990. Biology of the Red Algae. Cambridge University Press, 203.

［76］Ge, B, Qin, S, Han, L, et al. 2006. Antioxidant properties of recombinant allophycocyanin expressed in Escherichia coli［J］. J Photochem Photobiol, 84 (3): 175-180.

［77］Glazer, AN. 1994. Phycobiliproteins-a family of valuable, widely used fluorphores. J Appl Phycol, 6: 105-112.

［78］Glazer, AN & Stryer, L. 1983. Fluorescent tandem phycobiliprotein conjugates. Emission wavelength shifting by energy transfer. Biophys J, 43 (3): 383-386.

［79］Glazer, AN & Stryer, L, 1984. Phycofluor probes. Trends Biochem. Sci. 9: 423-427.

［80］Glazer, AN, Yeh, SW, Webb, SP, et al., 1985. Disc-to-disc transfer as the rate-limiting step for energy flow in phycobilisomes. Science, 227: 419-423.

［81］Glazer, AN. 1981. Photosynthetic accessory proteins with bilin prosthetic groups. In: Hatch MD, Boardman NK (eds) The biochemistry of plants, vol. 8, Photosynthesis. Academic, New York., 51-96.

［82］Glazer, AN. 1988. Phycobiliproteins. Academic, New York.

［83］Glazer, AN. 1989. Light guides. Directional energy transfer in a photosynthetic antenna. J Biol Chem, 264（1）: 1-4.

［84］Glazer, AN, Gindt, YM, Chan, CF, et al., 1994. Selective disruption of energy flow from phycobilisomes to Photosystem I. Photosynth Res, 40（2）: 167-173.

［85］Glazer, AN & Hixson, CS. 1977. Subunit structure and chromophore composition of rhodophytan phycoerythrins. Porphyridium cruentum B-phycoerythrin and b-phycoerythrin. J Biol Chem, 252（1）: 32-42.

［86］Gonzales, R, Rodriguez, S, Romay, C, et al., 1999. Anti-inflammatory activity of phy cocyanin extract in acetic acid-induced colitis in rats. Pharmacol Res, 39: 55-59.

［87］González, R, González, A, Remirez, D, et al., 2003. Protective effects of phycocyanin on galactosamine-induced hepatitis in rats. Biotecnol Aplicada, 20: 107-110.

［88］Gorl, M, Sauer, J, Baier, T, et al., 1998. Nitrogen-starvation-induced chlorosis in Synechococcus PCC 7942: adaptation to long-term survival. Microbiology, 144（9）: 2449-2458.

［89］Graverholt, OS & Eriksen, NT. 2007. Heterotrophic high-cell-density fed-batch and continuous-flow cultures of Galdieria sulphuraria and production of phycocyanin. Appl Microbiol Biotechnol, 77（1）: 69-75.

［90］Grima, EM, Belarbi, EH, Fernández, FGA, et al., 2003. Recovery of microalgal biomass and metabolites: process options and economics. Biotechnol Adv, 20（7-8）: 491-515.

［91］Grossman, AR. 2003. A molecular understanding of complementary chromatic adaptation. Photosynth Res, 76（1-3）: 207-215.

［92］Grossman, AR, Bhaya, D, He, Q. 2001. Tracking the light environment by cyanobacteria and the dynamic nature of light harvesting. J Biol Chem, 276（15）: 1149-1152.

［93］Grossman, AR, Schaefer, MR, Chiang, GG, et al., 1993. The phycobilisome, a light-harvesting complex responsive to environmental conditions. Microbiol Rev, 57（3）: 725-749.

［94］Gruber, R, Reiter, C, and Riethmüller, G, 1993. Triple immunofluorescence flow cytometry using whole blood of CD4[+] and CD8[+] lymphocytes expressing CD45RO and CD45RA. J Immunol Meth, 163（2）: 173-179.

［95］Guan, X, Qin, S, Su, Z, et al., 2007. Combinational biosynthesis of a fluorescent cyanobacterial holo–alpha–phycocyanin in Escherichia coli by using one expression vector. Appl Biochem Biotechnol, 142 (1): 52–59.

［96］Gutweniger, HE, Grassi, C, and Bisson, R. 1983. Interaction between Cytochrome C and ubiquinone–Cytochrome C oxidoreductase: a study with water soluble carbodiimides. Biochem Biophys Res Comm, 116 (1): 272–283.

［97］Harmanson, GT. 1996. Bioconjugate Techniques. USA: Academic Press, 48–52.

［98］Haugland, RP. 1996. Handbook of Fluorescent and Research Chemicals, Six Edition. Molecular Probes, Eugene. Inc., Eugene, Oreg. (T. Z. Spence, Ed.), pp. 679.

［99］Hemmila, I. 1985. Fluoroimmunoassays and immunofluorometric assays. Clin Chem, 31 (3): 359–370.

［100］Herzenberg, LA, Parks, D, Sahaf, B, et al., 2002. The history and future of the fluorescence activatied cell sorter and flow cytometry: A view from stanford. Clin Chem, 4810: 1819–1827.

［101］Hilditch, CM, Smith, AJ, Balding, P, et al., 1991. C–Phycocyanin from the cyanobacterium Aphanothece halophytica. Phytochemistry, 30: 3515–3517.

［102］Hirata, T, Tanaka, M, Ooike, M, et al, 1999. Radical scavenging activities of phycocyanobilin prepared from a cyanobacterium Spirulina platensis. Fisheries Sci, 65: 971–972.

［103］Hirata, T, Tanaka, M, Ooike, M, et al, 2000. Antioxidant activities of phycocyanobilin prepared from Spirulina platensis. J Appl Phycol, 12: 435 –439.

［104］Holmes, KL & Lantz, LM. 2001. Protein labeling with fluorescent probes. Methods Cell Biol, 63: 185–204.

［105］Holzwarth, AR. 1991. Structure–function relationships and energy transfer in phycibiliprotein antennae. Physiologia Plantarum, 83: 518–528.

［106］Houmard, J, Mazel, D, Moguet, C, et al., 1986. Organization and nucleotide sequence of genes encoding core components of the phycobilisomes from Synechococcus 6301. Mol Gen Genet, 205 (3): 404–410.

［107］Huang, B, Wang, GC. Zeng, CK, et al., 2002. The experimental research of R–phycoerythrin subunits on cancer treatment: a new photosensitizer in PDT. Cancer Biother Radiopharm, 17（1）: 35-42.

［108］Iijima, N Fuji & Shimamatsu. 1983. Antitumoral agents containing phycobillin. Japanese patient # 58-56216. Dainippon Ink & Chemicals （DIC）. A ssigness: Dainippon Ink & Tokyo Stree Fondation, （18）: 6.

［109］Jiang, T, Zhang, J, Liang, D, 1999. Structure and function of chromophores in R-Phycoerythrin at1.9 Å resolution. Proteins, 34: 224-231.

［110］Jolley, ME, Wang, CHJ, Ekenberg, SJ, et al., 1984. Particle Concentration Fluorescence immunoassay （PCFIA）: a new, rapid immunoassay technique with high sensitivity. J Immunol Meth, 67: 21-35.

［111］Jubeau, S, Marchal, L, Pruvost, J, et al., 2013. High pressure disruption: a two-step treatment for selective extraction of intracellular components from the microalga Porphyridium cruentum. J Appl Phycol, 25 （4）: 983-989.

［112］Jue, R, Lambert, JM, Pierce, LR. 1978. Addition of sulfhydryl groups to escherichia coli. ribosomes by protein modification with 2-iminothiolane （methyl 4 -mercaptobutydmidate）. Biochem, 17: 5399-5405.

［113］Juin, C, Cherouvrier, JR, Thiery, V, et al., 2015. Microwave-assisted extraction of phycobiliproteins from Porphyridium purpureum. Appl Biochem Biotechnol, 175（1）: 1-15.

［114］Kathiresan, S, Sarada, R, Bhattacharya, S, et al., 2007. Culture media optimization for growth and phycoerythrin production from Porphyridium purpureum. Biotechnol Bioeng, 96（3）: 456-463.

［115］Kawsar, SMA, Fujii, Y, Matsumoto, R, et al., 2011. Protein R-phycoerythrin from marine red alga Amphiroa anceps: extraction, purification and characterization. Phytol Balc, 17: 347-354.

［116］Kepka, C, Collet, E, Persson, J, et al., 2003. Pilot-scale extraction of an intracellular recombinant cutinase from E. coli cell homogenate using a thermoseparating aqueous two-phase system. J Biotechnol, 103（2）: 165-181.

［117］Kim, BK, Chung, GH, Fujita, Y, 1997, Phycoerythrin-encoding gene from porphyrya tenera PGR97-158. Plant Physiol, 115: 1287-1296.

［118］Kim, BK, Fujita, Y, Fujita, Y, 1997. Nucleotide sequenxe analysis of the phycoerythrin encoding genes in porphyra yezoensis and porphyra tenera （Bangiales, Rhodophyta）. Phycollies, 45（4）: 217-222.

［119］Kronick, MN, 1986. The use of phycobiliproteins as fluorescenct labels in immunoassay. J Immunol Meth, 92（1）: 1-13.

［120］Kronick, MN, Grossman, PD, 1983. Immunoassay techniques with fluorescent phycobiliprotein conjugates. Clin Chem, 29（9）: 1582-1586.

［121］Lansdorp, PM, Smith, C, Safford, M, et al., 1991. Single laser three color immunofluorescence staining procedures based on energy transfer between phycoerythrin and cyanine 5. Cytometry, 12（8）: 723-730.

［122］Lawrenz, E, Fedewa, EJ, Richardson, TL, 2011. Extraction protocols for the quantification of phycobilins in aqueous phytoplankton extracts. J Appl Phycol, 23（5）: 865-871.

［123］Liu, JY, Jiang T, Zhang JP, 1999. Crystal structure of allophycocyanin from red algae *Porphyra yezoensis* at 2.2 Å resolution. J Biol Chem, 274: 16945-16952.

［124］Liu, LN, Su, HN, Yan, SG, et al., 2009. Probing the pH sensitivity of R-phycoerythrin: investigations of active conformational and functional variation. ［J］. Biochimica Biophysica Acta, 1787（7）: 939-946.

［125］Liu, LN, Chen, XL, Zhang, XY, et al., 2005. One-step chromatography method for efficient separation and purification of R-phycoerythrin from Polysiphonia urceolata. J Biotechnol, 116（1）: 91-100.

［126］Liu, Q, Huang, Y, Zhang, R, et al., 2016. Medical Application of Spirulina platensis Derived C-Phycocyanin. Evidence-Based Complement Alternative Medicine, 2016（4）: 1-14.

［127］Liu, Q, Wang, Y, Cao, M, et al., 2015. Anti-allergic activity of R-phycocyanin from Porphyra haitanensis in antigen-sensitized mice and mast cells. Int Immunopharmacol, 25（2）: 465-473.

［128］Liu, YF, Xu, LZ, Cheng, N, et al., 2000. Inhibitory effect of phycocyanin from Spirulina platensis on the growth of human leukemia k562 cells. J Appl Phycol, 12（2）: 125-130.

［129］Ma, SY, Wang, GC, Sun, HB, et al., 2003. Characterization of the artificially covalent conjugate of B-phycoerythrin and R-phycocyanin and the phycobilisome from *Porphyridium cruentum*. Plant Science, 164（2）: 253-257.

［130］MacColl, R, Csatorday, K, Berns, DS, et al., 1980. Chromophore interactions in allophycocyanin. Biochemistry, 19: 2817-2820.

［131］MacColl, R, Csatorday, K, Berns, DS, T, et al., 1981, The relationship of the quaternary structure of allophycocyanin to its spectrumrch.

Biochem Biophys, 208: 42-48.

[132] MacColl, R & Guard-Friar, D. 1983. The chromophore assay of phycocyanin 645 from the cryptomonad protozoa Chroomonas species. J Biol Chem, 258 (23): 14327-14329.

[133] MacColl, R, Lee, JJ, Berns, DS. 1971. Protein aggregation in C-phycocyanin. Studies at very low concentration with the photoelectric scanner of the ultracentrifuge. Biochem J, 122: 421-426.

[134] MacColl, R. 1998, Cynabacterial phycobilisomes. J Struct Biol, 124 (2-3): 311-334.

[135] Maecker, HT, Rinfret, A, D'Souza, P, et al. 2005. Standardization of cytokine flow cytometry assays. BMC Immunol, 6: 13.

[136] Marcati, AVU, Laroche, Céline, Soanen, Nastasia, et al, 2014. Extraction and fractionation of polysaccharides and B-phycoerythrin from the microalga Porphyridium cruentum by membrane technology. Algal Research, 5: 258-263.

[137] Marrcos, JC, Fonseca, LP, Ramalho, MT, et al., 2002. Application of surface response analysis to the optimization of penicillin acylase purification in aqueous two-phase systems. Enzyme Microb Technol, 31: 1006-1014.

[138] Miller, JC, Zhou, H, Kwekel, J, 2003. Antibody microarray profiling of human prostate cancer sera: antibody screening and identification of potential biomarkers. Proteomics, 3 (1): 56-63.

[139] Minkova, K, Tchorbadjieva, M, Tchernov, A, et al., 2007. Improved procedure for separation and purification of Arthronema africanum phycobiliproteins. Biotechnol Lett, 29 (4): 647-651.

[140] Minkova, KM, Tchernov, AA, Tchorbadjieva, MI, et al., 2003. Purification of C-phycocyanin from Spirulina (Arthrospira) fusiformis. J Biotechnol, 102 (1): 55-59.

[141] Miskiewicz, E, Ivanov, AG, Huner, NP. 2002. Stoichiometry of the photosynthetic apparatus and phycobilisome structure of the cyanobacterium Plectonema boryanum UTEX 485 are regulated by both light and temperature. Plant Physiol, 130 (3): 1414-1425.

[142] Moon, M, Mishra, SK, Kim, CW, et al., 2014. Isolation and characterization of thermostable phycocyanin from Galdieria sulphuraria. Korean J Chem Eng, 31: 490-495.

［143］Morcos, NC. 1988, Phycocyanin laser activation cytotoxic effect and up take in human atherosclerotic plaque. Lasers Surg Med, 8（1）: 7–10.

［144］Mujumdar, SR, Mujumdar, RB, Grant, CM, et al., 1993. Cyanine labeling reagents: Sulfobenzindocyanine succinimidyl esters. Bioconjugate Chem, 4: 105–111.

［145］Munier, M, Morancais, M, Dumay, J, et al., 2015. One–step purification of R–phycoerythrin from the red edible seaweed Grateloupia turuturu. J Chromatogr B Analyt Technol Biomed Life Sci, 992: 23–29.

［146］Munir, N, Sharif, N, Naz, S, et al., 2016. Harvesting and processing of microalgae biomass fractions for biodiesel production（a review）. Sci Tech Dev, 32（3）: 235–243.

［147］Na, DH, Woo, BH, Lee, KC. 1999. Quantitative analysis of derivatized proteins prepared with pyridyl disulfide–containing cross–linkers by high–performance liquid chromatography. Bioconjugate Chem, 10: 306–310.

［148］Naganagouda, K, Mulimani, VH. 2008. Aqueous two–phase extraction（ATPE）: an attractive and economically viable technology for downstream processing of Aspergillus oryzae α–galactosidase. Process Biochem, 43: 1293–1299.

［149］Niu, JF, Chen, ZF, Wang, G. C., et al. 2010. Purification of phycoerythrin from Porphyra yeoensis Ueda（Bangladesh, Rhodophyta）using expanded bed absorption. J Appl Phycol, 22（1）: 25–31.

［150］Niu, JF, Wang, GC, Lin, XZ, Zhou, BC. 2007. Large–scale recovery of C–phycocyanin from Spirulina platensis using expanded bed adsorption chromatography. J Chromatogr B Analyt Technol Biomed Life Sci, 850（1–2）: 267–276.

［151］Niu, JF, Wang, GC, Tseng, CK. 2006. Method for large–scale isolation and purification of R–phycoerythrin from red alga Polysiphonia urceolata Grev. Protein Expr Purif, 49（1）: 23–31.

［152］Ohki, K, Gantt, E, Lipschultz, CA, et al., 1985. Constant Phycobilisome Size in Chromatically Adapted Cells of the Cyanobacterium Tolypothrix tenuis, and Variation in Nostoc sp. Plant Physiol, 79（4）: 943–948.

［153］Oi, VT, Glazer, A. N and Stryer L. 1982. Fluorescent phycobiliprotein conjugates for analyses of cells and molecules. J Cell Biol, 93（3）: 981–986.

［154］Ong, LJ & Glazer, AN. 1985. Crosslinking of allophycocyanin.

Physiol Veg, 23（1）: 777–781.

［155］Padyana, AK, Bhat, VB, Madyastha, KM, et al., 2001. Crystal structure of a light–harvesting protein C–phycocyanin from *Spirulina platensis*. Biochem Biophy Res Commun, 282（4）: 893–898.

［156］Palenik, B. 2001. Chromatic adaptation in marine Synechococcus strains. Appl Environ Microbiol, 67（2）: 991–994.

［157］Pan, ZZ, Zhou, BC, Tseng, CK, 1986. Comparative studies on spectral properties of R–phycoerythrin from the red seaweeds from Qingdao. Chin J Oceanol Limnol, 4: 353–359.

［158］Parks, DR, Hardy, RR and Herzenberg, LA. 1984. Three–color immunofluorescence analysis of. mouse B–lymphocyte subpopulations. Cytometry, 5（2）: 159–168.

［159］Parmar, A, Singh, NK, Kaushal, A, et al., 2011a. Characterization of an intact phycoerythrin and its cleaved14kDa functional subunit from marine cyanobacterium Phormidium sp. A27DM. Process Biochem, 46: 1793–1799.

［160］Parmar, A, Singh, NK, Kaushal, A, et al., 2011b. Purification, characterization and comparison of phycoerythrins from three different marine cyanobacterial cultures. Bioresour Technol, 102（2）: 1795–1802.

［161］Pastan, I & Kreitman, RJ. 1998. Immunotoxins for targeted cancer therapy. Adv Drug Deliv Rev, 31: 53–88.

［162］Patel, A, Mishra, S, Pawar, R, et al., 2005. Purification and characterization of C–Phycocyanin from cyanobacterial species of marine and freshwater habitat. Protein Expr Purif, 40（2）: 248–55.

［163］Patil, G & Raghavarao, KSMS, 2007. Aqueous two phase extraction for purification of C–phycocyanin. Biochem Engin J, 34（2）: 156–164.

［164］Patil, G, Chethana, S, Sridevi, AS, et al., 2006. Method to obtain C–phycocyanin of high purity. J Chromatogr A, 1127（1–2）: 76–81.

［165］Patil, G & Raghavarao, KSMS. 2007. Aqueous two phase extraction for purification of c–phycocyanin. Biochem Eng J, 34.

［166］Pinero Estrada, JE, Bermejo Bescos, P, Villar del Frnsno, AM, 2001. Antioxidant activity of different fractions of Spirulina platensis protean extract. Farmaco, 56: 497–500.

［167］Pizzolo, G, Chilos, M, Chem, D, 1984. Double immunostaining of lymph node section monoclonal antibodies using phycoerythrin labeling and haptenated reagents. Am J Clin Pathol, 82: 44.

［168］Pulz, O, Gross, W. 2004. Valuable products from biotechnology of microalgae. Appl Microbiol Biotechnol, 65: 635-648.

［169］Pumas, C, Peerapornpisal, Y, Vacharapiyasophon, P, et al., 2012. Purification and Characterization of a Thermostable Phycoerythrin from Hot Spring Cyanobacterium Leptolyngbya sp. KC45. Int J Agric Biol, 14: 121-125.

［170］Qin, S, Kawata, Y, Yano, S, et al., 1998. Cloning and sequencing of the Allophycocyanin genes from Spirulina maxima （Cyanophyta）. Chin J Oceanol Limnol, 16 （Suppl）: 6-11.

［171］Qin, S, Sung, LA, Tseng, CK, 2004. Genomic cloning, expression and recombinant protein purif ication of α and β subunits if the allophycocyanin （apc） gene from cyanobacterium Anacystis nidulans UTEX625. J Appl Phycol, 16 （6）: 483-487.

［172］Qin S, Tong S, Zhang P, Tseng CK. 1993, Isolation of plasmid from the blue-green alga Spirulina platensis. Chin J Oceanol Limnol, 11: 285-288.

［173］Radmer, R. 1996. Algal Diversity and Commercial Algal Products. Bioscience, 46 （4） : 263-270.

［174］Raghavarao, K, Stewart, RM, Rudge, SR, et al., 1998. Electrokinetic demixing of aqueous two-phase systems. 3. Drop electrophoretic mobilities and demixing rates. Biotechnol Prog, 14 （6） : 922-930.

［175］Raghavarao, KSMS, Ranganathan, TV, Srinivas, ND, et al., 2003. Aqueous two phase extraction—an environmentally benign technique. Clean Techn Environ Policy, 5: 136-141.

［176］Ranjitha, K & Kaushik, BD. 2005a. Influence of environmental factors on accessory pigments of Nostoc muscorum. Indian J Microbiol, 45: 67-69.

［177］Ranjitha, K & Kaushik, BD. 2005b. Purification of phycobiliproteins from nostoc muscorum. J Sci Ind Res, 64 （5） : 372-375.

［178］Reddy, CM, Bhat, VB, Kiranmai, G, et al., 2000. Selective inhibition of cyclooxygenase-2 by C-phycocyanin, a biliprotein from Spirulina platensis. Biochem Biophys Res Commun, 277 （3） : 599-603.

［179］Reichlin, M. 1980. Use of glutaraldehyde as a coupling agent for proteins and peptides. In: Vunakis H. V. and Langone J. J. （Eds. ） Methods in Enzymology, vol. 70, Section I , pp. 159-165. Harcourt Brace Jovanovich

Publishers, Academic Press INC, New York, USA.

[180] Reis, A, Mendes, A, Lobo-Fernandes, H, et al., 1998. Production, extraction and purification of phycobiliproteins from Nostoc sp. Bioresour Technol, 66 (3): 181–187.

[181] Ren, Y, Ge, B, Jin, H, et al., 2005. Effect of lanthanum on expression of recombinant allophycocyanin gene in Pichia pastoris. J Rare Earth, 23: 491–495.

[182] Reuter, W, Wiegand, G, Huber, R, et al., 1999. Structural analysis at 2.2 Å of orthorhombic crystals presents the asymmetry of the allophycocyanin-linker complex, AP. LC7.8, from phycobilisomes of Mastigocladus laminosus. Proc Natl Acad Sci, USA, 96 (4): 1363–1368.

[183] Rito-Palomares, M, Negrete, A, Miranda, L, et al., 2001a. The potential application of aqueous two-phase systems for in situ recovery of 6-pentyl-infinity-pyrone produced by Trichoderma harzianum. Enzyme Microb Technol, 28 (7–8): 625–631.

[184] Rito-Palomares, M, Nuñez, L, Amador, D, 2001b. Practical application of aqueous two-phase systems for the development of a prototype process for c-phycocyanin recovery from Spirulina maxima . J Chem Technol Biotechnol, 76: 1273–1280.

[185] Ritter, S, Hiller, RG, Wrench, PM, et al., 1999. Crystal structure of a phycourobilin-containing phycoerythrin at1.90 Å resolution. J Struct Biol, 126 (2): 86–97.

[186] Roederer, M, De Rosa, S, Gerstein, R, et al., 1997.8 color, 10-parameter flow cytometry to elucidate complex leukocyte heterogeneity. Cytometry, 29 (4): 328–339.

[187] Roederer, M, Kantor, AB, Parks, DR, et al., 1996. Cy7-PE and Cy7-APC: Bright new probes for immunofluorescence. Cytometry, 24 (3): 191–197.

[188] Romay, C, Ledon, N, Gonzales, R, 1998b. Further studies on anti-inflammatory activity of phycocyanin in some animal models of inflammation. Inflamm Res, 47: 334–338.

[189] Romay, C, Armesto, J, Remirez, D, et al., 1998a. Antioxidant and anti-inflammatory properties of C-phycocyanin from bluegreen algae. Inflamm Res, 47: 36–41.

[190] Romay, C, Gonzalez, R. 2000. Phycocyanin is an antioxidant

protector of human erythrocytes against lysis by peroxyl radicals. J Pharm Pharmacol, 52（4）: 367–368.

［191］Romay, C, Gonzalez, R, Ledon, N, et al., 2003. C–phycocyanin: a biliprotein with antioxidant, anti–inflammatory and neuroprotective effects. Curr Protein Pept Sci, 4（3）: 207–216.

［192］Rossano, R, Ungaro, N, D'Ambrosio, A, et al., 2003. Extracting and purifying R–phycoerythrin from Mediterranean red algae Corallina elongata Ellis & Solander. J Biotechnol, 101（3）: 289–293.

［193］Rowan, KS. 1989. Photosynthetic pigments of algae. Cambridge University Press, New York. 166–211.

［194］Rudd, RJ, Smith, JS, Yager, PA, et al., 2005. A need for standardized rabies–virus diagnostic procedures: effect of cover–glass mountant on the reliability of antigen detection by the fluorescent antibody test. Virus Research, 111: 83–88.

［195］Ruiz–Ruiz, F, Benavides, J, Rito–Palomares, M, 2013. Scaling–up of a b–phycoerythrin production and purification bioprocess involving aqueous two–phase systems: practical experiences. Process Biochemistry, 48（4）: 738–745.

［196］Russell, J, Colpitts, T, Holets–McCormack, S, et al., 2004. Defined protein conjugates as signaling agents in immunoassays. Clin Chem, 50: 1921–1929.

［197］Russell, JC, Colpitts, TL, Holets–McCormack, SR, et al., 2002. Solid phase assembly of defined protein conjugates. Bioconjug Chem, 13: 958–965.

［198］Sajilata, MG & Singhal, RS. 2006. Isolation and stabilisation of natural pigments for food applications. Stewart Postharvest Review, 2（2）: 1–29.

［199］Sánchez, M, Bernal–Castillo, J, Rozo, C, et al., 2003. Spirulina （Arthrospira）: An edible microorganism. A review. Universitas Scientiarum, 8（1）: 7–24.

［200］Santiago–Santos, MC, Ponce–Noyola, TROR, Ortega–Lopez, J, et al., 2004. Extraction and purification of phycocyanin from Calothrix sp. Process Biochem, 39: 2047–2052.

［201］Sarada, R, Pillai, M, Ravishankar, G, 1999. Phycocyanin from Spirulina sp: influence of processing of biomass on phycocyanin yield, analysis of efficacy of extraction methods and stability studies on phycocyanin. Process Biochem, 34: 795-891.

[202] Schirmer, T, Bode, W, Huber, R, et al., 1985, X-raycrystallographic structure of the light-harvesting biliprotein C-phycocyanin from the thermophilic cyanobacterium Mastigocladus laminosus and its resemblance to globin structures. J Mol Biol, 184: 257-277.

[203] Schirmer, T, Huber, R, Schneider, M, et al., 1986. Crystal structure analysis and refinement at 2.5 Å of hexameric C-phycocyanin from the cyanobacterium *Agmenellum quadruplaticum*. J Mol Biol, 188: 651-676.

[204] Schwartz, JL & Sklar, G. 1986. Growth inhibition and destruction of oral cancer cells by extracts of *Spirulina*. Proc Amer Oral Pathol, 40: 23-27.

[205] Sean, P, Richard, L, Christopherson, L, 2002. Antibody arrays: an embryonic but rapidly growing technology. Drug Des Discov, 7 (18 suppl): 143-149.

[206] Sekar, S & Chandramohan, M, 2008. Phycobiliproteins as a commodity: trends in applied research, patents and commercialization. J Appl Phycol, 20 (2): 113-136.

[207] Shih, SR, Tsai, KN, Li, YS, et al., 2003. Inhibition of enterovirus 71-induced apoptosis by allophycocyanin isolated from a blue-green alga Spirulina platensis. J Med Virol, 70 (1): 119-125.

[208] Shinohara, K, Okura, Y, Koyano, T, et al., 1988. Algal phycocyanins promote growth of human cells in culture. In Vitro Cell Dev Biol, 24 (10): 1057-1060

[209] Sidler, WA, 1994. Phycobilisomes and phycobiliprotein structures. In: Bryant DA (ed) The molecular biology of cyanobacteria. Kluwer, Dordrecht, 139-216.

[210] Siegelman, HW & Kycia, JH. 1973. Algal biliproteins. In Handbook of phycological method Physiological Methods and Biochemical Methods, Edited by Hellebust JA and Craigie JS (Cambridge: Cambridge University Press), 71-79.

[211] Siiman, O, Wilkinson, J, Burshteyn, A, et al., 1999. Fluorescent neoglycoproteins: antibody -aminodextran -phycobiliprotein conjugates. Bioconjug Chem, 10: 1090-1106.

[212] Silveira, ST, Burkert, JF, Costa, JA, et al., 2007. Optimization of phycocyanin extraction from *Spirulina platensis* using factorial design. Bioresour

Technol, 98（8）：1629-1634.

［213］Soini, E & Hemmila, I, 1979. Fluoroimmunoassay: present status and key problems. Clinical Chemistry, 25: 353-361.

［214］Sonani, RR, Gupta, GD, Madamwar, D, et al., 2015. Crystal Structure of Allophycocyanin from Marine Cyanobacterium Phormidium sp. A09DM. PLoS One, 10（4）: e0124580.

［215］Sonani, RR, Singh, NK, Kumar, J, et al., 2014. Concurrent purification and antioxidant activity of phycobiliproteins from lyngbya, sp. a09dm: an antioxidant and anti-aging potential of phycoerythrin in caenorhabditis elegans Process Biochem, 49（10）: 1757-1766.

［216］Soni, B, Trivedi, U, Madamwar, D. 2008, A novel method of single step hydrophobic interaction chromatography for the purification of phycocyanin from Phormidium fragile and its characterization for antioxidant property［J］. Bioresource Technology, 99: 188-194.

［217］Soni, B, Kalavadia, B, Trivedi, U, et al., 2006. Extraction, purification and characterization of phycocyanin from Oscillatoria quadripunctulata-isolated from the rocky shores of Bet-Dwarka, Gujarat, India. Process Biochem, 41（9）: 2017-2023.

［218］Sorensen, L, Hantke, A, Eriksen, NT, 2013. Purification of the photosynthetic pigment C-phycocyanin from heterotrophic Galdieria sulphuraria. J Sci Food Agric, 93（12）: 2933-2938.

［219］Spolaore, P, Joannis-Cassan, C, Duran, E, et al., 2006. Commercial applications of microalgae. J Biosci Bioeng, 101（2）: 87-96.

［220］Stec, B, Troxler, RF, and Teeter, MM, 1999. Crystal structure of C-phycocyanin from *Cyanidium caldarium* provides a new perspective on phycobilisome assembly. Biophys J, 76（6）: 2912-2921.

［221］Stewart, DE & Farmer, FH, 1984. Extraction, identification and quantitation of phycobiliprotein pigments from phototrophic plankton. Limnol Oceanogr, 29: 392-397.

［222］Stocker, R, Yamamoto, Y, McDonagh, AF, et al., 1987. Bilirubin is an antioxidant of possible physiological importance. Science, 235（4792）: 1043-1046.

［223］Stowe, WC, Brodie-Kommit, J, Stowe-Evans, E, 2011. Characterization of complementary chromatic adaptation in Gloeotrichia UTEX 583 and identification of a transposon-like insertion in the cpeBA operon. Plant Cell

Physiol, 52（3）: 553–562.

［224］Stuchbury, T, Shipton, M, Norris, R, et al., 1975. A reporter group delivery system with both absolute and selective specificity for thiol groups and an improved fluorescent probe containing the 7–nitrobenzo–2–oxa–1, 3–diazole moiety. Biochem J, 151: 417–432.

［225］Su, C, Liu, C, Yang, P, et al., 2014. Solid–liquid extraction of phycocyanin from Spirulina platensis: Kinetic modeling of influential factors. Sep Purif Technol, 123（3）: 64–68.

［226］Su, HN, Xie, BB, Chen, XL, et al., 2010. Efficient separation and purification of allophycocyanin from Spirulina（Arthrospira）platensis. J Appl Phycol, 22（1）: 65–70.

［227］Sui, Z, Zhang, X, Cheng, X, 2002. Comparison of phycobiliproteins from Gracilaria lemaneiformis（Rhodophyceae）and its pigment mutants in spectral and molecular respects. Acta Bot Sin, 44: 557–561.

［228］Sun, L, Wang, S, Qiao, Z, 2006. Chemical stabilization of the phycocyanin from cyanobacterium Spirulina platensis. J Biotechnol, 121: 563–569.

［229］Sun Li, Wang Shumei. 2000. A phycoerythrin–allophycocyanin complex from the intact phycobilisomes of the marine red alga *polysiphonia urceolata*. Photosynthetica, 38（4）: 601–605.

［230］Sun, L, Wang, SM, Chen, LX, et al., 2003. Promising fluorescent probes from phycobiliproteins. IEEE J Sel Top Quantum Electron, 9（2）: 177–188.

［231］Takeda, T, Yamagata, K, Youhida, Y. 1998. Evaluation of immunochromatography based rapid detection kit for fecal *Escherichia coli* O[157]. Kansenshogaku Zasshi, 72（8）: 834–839.

［232］Tandeau, dMN, 2003. Phycobiliproteins and phycobilisomes: the early observations. Photosynthesis Research, 76（1–3）: 197–205.

［233］Tang, Z, Zhao, J, Li, W, et al., 2016. One–step chromatographic procedure for purification of B–phycoerythrin from Porphyridium cruentum. Protein Expr Purif, 123: 70–74.

［234］Tanksale, A, Chandra, PM, Rao, M, et al., 2001. Immobilization of alkaline protease from Conidiobolus macrosporus for reuse and improved thermal stability. Biotechnology Letters, 23（1）: 51–54.

［235］Tao, Hu, Zhiguo, Su. 2003. A solid phase adsorption method for preparation of bovine serum albumin/bovine hemoglobin conjugate. J Biotech, 100: 267–275.

[236] Tapia, G, Galetovic, A, Lemp, E, et al., 1999. Singlet oxygen-mediated photobleaching of the prosthetic group in hemoglobin and C–phycocyanin. Phtochem Photobiol, 70: 499–504.

[237] Tchernov, AA, Minkova, KM, Georgiev, DI, et al., 1993. Methods for B–phycoerythrin purification from *Porphyridium cruentum*. Biotechnol Tech, 7: 853–858.

[238] Tchernov, AA, Minkova, KM, Houbavenska, NB, et al., 1999. Purification of phycobiliproteins from Nostoc sp. by aminohexyl–Sepharose chromatography. J Biotechnol, 69（1）: 69–73.

[239] Telford, WG, Moss, MW, Morseman, JP, et al., 2001a. Cyanobacterial stabilized phycobilisomes as fluorochromes for extracellular antigen detection by flow cytometry. J Immun Meth, 254（1–2）: 13–30.

[240] Telford, WG, Moss, MW, Morseman, JP, et al., 2001b. Cryptomonad algal phycobiliproteins as fluorochromes for extracellular and intracellular antigen detection by flow cytometry. Cytometry, 44（1）: 16–23.

[241] Tjioe, I, Legerton, T, Wegstein, J, et al., 2001. Phycoerythrin-allophycocyanin: A resonance energy transfer fluorochrome for immunofluorescence. Cytometry, 44（1）: 24–29.

[242] Toledo, G, Palenik, B, Brahamsha, B, 1999. Swimming marine Synechococcus strains with widely different photosynthetic pigment ratios form a monophyletic group. Appl Environ Microbiol, 65（12）: 5247–5251.

[242] Tooley, AJ, Cai, YA, Glazer, AN. 2001. Biosynthesis of a fluorescent cyanobacterial C–phycocyanin holo–alpha subunit in a heterologous host. Proc Natl Acad Sci USA, 98（19）: 10560–10565.

[243] Tooley, AJ & Glazer, AN. 2002. Biosynthesis of the cyanobacterial light–harvesting polypeptide phycoerythrocyanin holo–alpha subunitin a heterologous host. J Bacteriol, 184（17）: 4666–4671.

[244] Toussaint, AJ and Anderson, RI, 1965. Soluble Antigen Fluorescent–Antibody Technique. Appl Microb, 13（4）: 552–558.

[245] Triantafilou, K, Triantafilou, M, Wilson, KM, 2000. Phycobiliprotein–Fab conjugates as probes for single particle fluorescence imaging. Cytometry, 41: 226–234.

[246] Tripathi, SN, Kapoor, S, Shrivastava, A. 2007. Extraction

and purification of an unusual phycoerythrin in a terrestrial desiccation tolerant cyanobacterium Lyngbya arboricola. J Appli Phycol, 19（5）: 441–447.

［247］Vernet, M, Mitchell, BG, Holm–Hansen, O, 1990. Adaptation of Synechococcus in situ determined by variability in intracellular phycoerythrin–543 at a coastal station off the Southern California coast, USA. Marine Ecol Prog, 63（1）: 9–16.

［248］Viskari, PJ, Colyer, CL, 2003. Rapid extraction of phycobiliproteins from cultured cyanobacteria samples. Anal Biochem, 319（2）: 263–271.

［249］Waggoner, AS, Ernst, LA, Chen, CH, et al., 1993. PE–CY5: A new fluorescent antibody label for three–color flow cytometry with a singlelaser. Ann NY Acad Sci, 677: 185–193.

［250］Waggoner, A, 2006. Fluorescent labels for proteomics and genomics. Curr Opin Chem Biol, 10（1）: 62–66.

［251］Wan, M, Wang, Z, Zhang, Z, et al., 2016. A novel paradigm for the high–efficient production of phycocyanin from Galdieria sulphuraria. Bioresour Technol, 218: 272–278.

［252］Wang, GC, 2002. Isolation and purification of phycoerythrin from red alga Gracilaria verrucosa by expanded–bed–adsorption and ion–exchange chromatogaphy. Chromatographia, 56: 509–513.

［253］Wang, GC, Zhou, BC, and Tseng, CK. 1997a. Spectroscopic properties of the C–phycocyanin–allophycocyanin conjugate and the isolated phycobilisomes from *Spirulina platensis*. Photosynthetica, 34（1）: 557–565.

［254］Wang, GC, Zhou, BC, and Tseng, CK. 1997b. Study on the excitation enegy transfer of an artiical C–phycocyanin–R–phycoerythrin conjugate. Bontanica Marina, 40（4）: 325–328.

［255］Wang, GC, Zhou, BC, and Tseng, CK. 1996. The excitation enegy transfer in an artiical R–phycoerythrin–allophycocyanin conjugate. Photosynthetica, 32（4）: 609–612.

［256］Wang, XQ, Li, LN, Chang, WR, et al., 2001. Structure of C–phycocyanin from Spirulina platensis at 2.2 angstrom resolution: a novel monoclinic crystal form for phycobiliproteins in phycobilisomes. Acta Cryst. Section D: Bio/Cryst, 57（Pt6）: 784–792.

［257］Wang, Y, Gong, X, Wang, S, et al., 2014. Separation of native allophycocyanin and R–phycocyanin from marine red macroalga Polysiphonia urceolata by the polyacrylamide gel electrophoresis performed in novel buffer systems. PLoS One, 9（8）: 106–369.

［258］White, JC & Stryer, L, 1987. Photostability studies of phycobiliprotein fluorescent labels. Analyt Biochem, 161: 442–452.

［259］Wide, L, Bennich, H, Johansson, SGO, 1967. Diagnosis of allergy by an in vitro test for allergen antibodies. Lancet, 2: 1105–1107.

［260］Wiltshire, KH, Boersma, M, Moller, A, et al., 2000. Extraction of pigments and fatty acids from the green alga Scenedesmus obliquus （Chlorophyceae）. Aquatic Ecology, 34: 119–126.

［261］Wyman, M. 1992. An in vivo method for the estimation of phycoerythrin concentration in marine cyanobacteria （Synechococcus spp.）. Limnol Oceanogr, 37: 1300–1306.

［262］Yamanaka, G, Glazer, AN, Williams, RC, 1978. Cyanobacterial phycobilisomes. Characterization of the phycobilisomes of *Synechococcus sp.* 6301. J Biol Chem, 253: 8303–8310.

［263］Yan, SG, Chen, XL, Zhang, XY, et al., 2008, Spectral changes of C–phycocyanin with different molar ratios of SPDP. Spectroscopy Spectral Analysis, 28（5）: 1115–1117.

［264］Yan, SG, Zhu, LP, Su, HN, et al., 2011. Single–step chromatography for simultaneous purification of C–phycocyanin and allophycocyanin with high purity and recovery from Spirulina （Arthrospira） platensis. J Appl Phycol, 23（1）: 1–6.

［265］Yang, Y, Ge, B, Guan, X, et al., 2008, Combinational biosynthesis of a fluorescent cyanobacterial holo–alpha–allophycocyanin in Escherichia coli. Biotechnol Lett, 30（6）: 1001–1004.

［266］Yeh, SW, Ong, LJ, Clark, JH, et al., 1987. Fluorescence properties of allophycocyanin and a crosslinked allophycocyanin trimer. Cytometry, 8（1）: 91–95.

［267］Yoshitake, S, Imagawa, M, Ishikawa, E, 1982. Mild and efficient conjugation of rabbit Fab' and horseradish peroxidase using a maleimide compound and its use for enzyme immunoassay. J Biochem, 92: 1413–1424.

［268］Yu, LH, Zeng, FJ, Zhou, BC, 1991. Subunit composition and chromophore content of R–phycoerythrin from the red alga *Polysiphonia urceolata* Grev. Chin J Biochem Biophys, 23: 127–133.

［269］Yu, MH, Glazer, AN, Spencer, KG, et al., 1981. Phycoerythrins of the red alga Callithamnion: variation in phycoerythrobilin and phycourobilin content. Plant Physiol, 68（2）: 482-488.

［270］Zeng, FJ, Lin, QS, Jiang, LJ, 1992. Isolation and characterization of R-phycocyanin from the red alga Porphyra haitanensis. Acta Biochimica Biophysica Sinica, 24: 545-551.

［271］Zhang, W, Guan, X, Yang, Y, et al., 2009. Biosynthesis of fluorescent allophycocyanin alpha-subunits by autocatalysis in Escherichia coli. Biotechnol Appl Biochem, 52（Pt 2）: 135-140.

［272］Zhang, YM, Chen, F. 1999. A simple method for efficient separation and purification of C-phycocyanin and allophycocyanin from Spirulina platensis. Biotechnol Tech, 13（9）, 601-603.

［273］Zhao, JQ, Xie, J, Zhang, JM, et al., 1999. Phycobilisome from Anabaena variabilis K ü tz and its model conjugates. Photosynthetica, 36（1-2）: 163-170.

［274］Zhao, JQ, Yang, ZX, Zhang, JP, et al., 1997a. Synthesis and characterization of model conjugates of phycobilisomes. Chin Sci Bull, 42（12）: 1440-1443.

［275］Zhao, JQ, Yang, ZX, Zhang, JP et al., 1997b. Synthesis of phycobiliprotein conjugates and their intramolecular energy transfer phenomena. Prog Biochem Biophys, 24（5）: 435-440.

［276］Zhao, K, Su, P, Li, J, et al., 2006. Chromophore attachment to phycobiliprotein β-subunits: phycocyanobilin: cysteine-β84 phycobiliprotein lyase activity of CpeS-like protein from Anabaena sp. PCC7120. J Biol Chem, 281: 8573-8581.

［277］Zhao, L, Peng, YL, Gao, JM, et al., 2014. Bioprocess intensification: an aqueous two-phase process for the purification of C-phycocyanin from dry Spirulina platensis. Eur Food Res Technol, 238（3）: 451-457.

［278］Zhu, LP, Yan, SG and Lv, AJ. 2015. Efficient purification and active configuration investigation of R-phycocyanin from Polysiphonia urceolata. Advances in Applied Biotechnology, Lecture Notes in Electrical Engineering, 332: 489-496.

［279］Zhu, Y, Chen, XB, Wang, KB, et al., 2007. A simple method for extracting C-phycocyanin from Spirulina platensis using Klebsiella pneumoniae. Appl Microbiol Biotechnol, 74（1）: 244-248.

［280］Zoha, SJ, Ramnarain, S, Allnutt, FCT, 1998. ultrasensitive direct fluorescent immunoassay for thyroid stimulating hormone. Clin Chem, 44（9）: 2045-2046.

[281] Zoha, SJ, Ramnarain, S, Morseman, JP, et al., 1999. PBXL fluorescent dyes for ultrasensitive direct detection. J Fluorescence, 9（3）: 197-208.

[282] Zolla, L & Bianchetti, M, 2001. High-performance liquid chromatography coupled on-line with electrospray ionization mass spectrometry for the simultaneous separation and identification of the Synechocystis PCC 6803 phycobilisome proteins. J Chromatogr A, 912（2）: 269-279.

[283] 蔡心涵, 郑树, 杨工, 程兆明, 何立明, 郁琳琳. 藻蓝蛋白（phycocyanin）-铜激光对大肠癌细胞株HR-8348的杀伤效应. 肿瘤防治研究, 1995, 22（1）: 19-21.

[284] 杜林方, 付华龙.钝顶螺旋藻藻胆蛋白分离纯化及特性研究.四川大学学报（自然科学版）, 1994, 31（4）: 576-578.

[285] 韩璐, 葛保胜, 林秀坤, 秦松.几种重组别藻蓝蛋白的抗氧化活性.海洋科学, 2007, 8: 71-75.

[286] 韩璐.六种重组别藻蓝蛋白的抗氧化活性研究 [D]. 北京: 中国科学院海洋研究院, 2006.

[287] 洪孝庄, 孙曼雯. 蛋白质连接技术 [M]. 北京: 中国医药科技出版社, 1993.

[288] 黄蓓, 王广策, 李振刚.藻蓝蛋白色素肽光动力学抗肿瘤作用的实验研究 [J].激光生物学报, 2002, 11（3）: 194-198.

[289] 纪明候, 海藻化学 [M].北京: 科学出版社, 1997.

[290] 李冠武, 王广策, 温博贵, 等. 藻红蛋白介导的光敏反应可诱导人肝癌7721细胞凋亡 [J].肿瘤防治杂志, 2002, 9（2）: 144-146.

[291] 刘兆乾, 丁健, 郭振泉等. 含藻蓝蛋白提取物的抗病毒组合物及藻蓝蛋白的提取 [P]. 1999, CN1281727A.

[292] 潘忠正, 周百成, 曾呈奎.青岛海产红藻R-藻红蛋白光谱特性的比较研究 [J].海洋与湖沼, 1986, 4: 353-359

[293] 彭长连, 陈少薇.用清除有机自由基DPPH法评价植物抗氧化能力 [J].生物化学与生物物理进展, 2000, 27（6）: 658-661.

[294] 秦松, 曾呈奎.藻类基因、载体及表达系统 [J].生物工程进展, 1996, 16（6）: 9-12.

[295] 唐书明, 王希华. 基因重组别藻蓝蛋白对小鼠S-180肉瘤的抑制作用 [J]. 药物生物技术, 1999, 6（3）: 168-171.

［296］汪兴平，谢笔均，潘思轶，等.葛仙米藻红蛋白体外抗活性氧自由基作用的研究［J］.食品科学，2005，26（8）：404-407.

［297］汪兴平，谢笔钧，潘思轶，等.葛仙米藻蓝蛋白抗氧化作用研究［J］.食品科学，2007，28（12）：458-461.

［298］王广策，秦松，曾呈奎.藻胆蛋白的研究概况（I）-藻胆蛋白的种类与组成［J］.海洋科学，2000，24（2）：22-25.

［299］王琪，田迪英，杨荣华.果蔬抗氧化活性测定方法的比较［J］.食品与发酵工业，2008，34（5）：166-169.

［300］王世中，乔梅.应用异型双功能试剂制备酶-抗体结合物［J］.生物化学杂志，1985，1：19-25.

［301］王庭健，林凡，赵方庆，等.藻胆蛋白及其在医学中的应用［J］，植物生理学通讯，2006，42（2）：303-307.

［302］王庭健.天然藻胆蛋白的提取与纯化及其与基因重组藻胆蛋白抗氧化活性的比较研究［D］.长春：吉林大学，2005.

［303］王仲孚，赵谋明，彭志英，等.藻胆蛋白研究［J］.生命的化学，2000，20：72-75.

［304］许屏.荧光和免疫荧光染色技术及应用［M］.北京：人民卫生出版社（第2版），2000.

［305］颜世敢，陈秀兰，张熙颖，等.异型双功能交联剂SPDP对C-藻蓝蛋白的光谱影响［J］.光谱学与光谱分析，2008，5：1115-1117.

［306］颜世敢，朱丽萍，李雁冰，等.一种检测禽流感病毒的荧光抗体的制备方法及固相免疫荧光检测试剂盒［P］.山东：CN101957377A，2011-01-26.

［307］颜世敢，朱丽萍，张玉忠，等.R-藻红蛋白标记抗体荧光探针的高效制备及其在禽流感病毒检测中的应用［J］.南京农业大学学报，2009，32（02）：92-96.

［308］颜世敢，朱丽萍，张玉忠，等.藻红蛋白标记抗鸡IgG荧光抗体的高效制备［J］.中国预防兽医学报，2009，31（02）：127-131.

［309］颜世敢，朱丽萍，张玉忠，等.藻胆蛋白荧光探针在动物疫病检测中的应用展望［J］.中国动物检疫，2009，26（01）：36-37.

［310］杨瑞丽，陆俊丰，高歌，等.不同方法测定40种常见果蔬抗氧化活性的比较研究［J］.广东农业科学，2011，38（8）：72-74.

［311］于平，岑沛霖，励建荣，等.极大螺旋藻藻蓝蛋白基因在巴斯德毕赤酵母X-33中表达的研究［J］.科技通报，2004，20：22-27.

［312］张成武，曾昭琪，张媛贞，等.钝顶螺旋藻多糖和藻蓝蛋白对小

鼠急性放射病的防护作用[J].营养学报，1996，18（3）：327-331

[313]张成武，曾昭琪，张媛贞，等.藻蓝蛋白对小鼠粒单系祖细胞生成的影响[J].中国海洋药物，1996，15（4）：25-28

[314]张玉忠，颜世敢，陈秀兰，等.从蓝藻中快速分离纯化C-藻蓝蛋白和异藻蓝蛋白的方法[P].山东：CN101240010，2008.

[315]张玉忠，颜世敢，张熙颖，等.一种快速分离纯化R-藻红蛋白、R-藻蓝蛋白的方法[P].山东：CN101240009，2008.

[316]赵守山，颜世敢，朱丽萍，等.R-phycoerythrin标记抗猪瘟病毒荧光抗体的制备及其与FITC标记荧光抗体检测的比较研究[J].西南农业学报，2011，24（05）：1962-1966.

[317]郑江.藻胆蛋白的提取纯化研究进展[J].食品科学，2002，23（11）：159-161.

[318]周百成，曾呈奎.藻类光合色素中译名考释[J].植物生理学通讯，1990，3：57-60.

[319]周占平，陈秀兰，陈超，等.藻胆蛋白脱辅基蛋白对其抗氧化活性的影响[J].海洋科学，2003，27（5）：77-80.

[320]周站平，刘鲁宁，陈秀兰，等.光照、变性剂和pH对钝顶螺旋藻（Spirulina platensis）别藻蓝蛋白抗氧化活性的影响[J]，海洋与湖沼，2005，36（2）：179-185.

[321]朱丽萍，颜世敢，李雁冰，等.别藻蓝蛋白标记抗鸡IgG荧光抗抗体的高效制备与鉴定[J].江苏农业学报，2007，27（01）：110-115.

[322]朱丽萍，颜世敢，李雁冰，等.硫酸铵盐析条件对多管藻R-藻红蛋白和R-藻蓝蛋白得率和纯度的影响[J].科技导报，2010，28（04）：37-41.

[323]朱丽萍，颜世敢，颜士勇，等.一种检测新城疫病毒的荧光抗体的制备方法及固相免疫荧光检测试剂盒[P].山东：CN101975856A，2011.

[324]朱丽萍，颜世敢，颜士勇.一种R-藻蓝蛋白标记的荧光抗抗体的制备方法[P].山东：CN101980020A，2011.

[325]朱丽萍，颜世敢，姚强，等.一种别藻蓝蛋白标记的荧光抗抗体的制备方法[P].山东：CN101980019A，2011.

[326]朱丽萍，颜世敢，张玉忠.溶胀因素对多管藻藻胆蛋白粗提得率和纯度影响[J].食品研究与开发，2009，30（09）：65-68.

符号说明

英文缩写	英文全称	中文注释
Abs	Absorbance	吸光度
AIV	Avian influenza virus	禽流感病毒
APC	Allophycocyanin	别藻蓝蛋白
CPC	C-phycocyanin	C-藻蓝蛋白
DEAE	Diethylaminoethyl	二乙氨乙基
DMSO	Dimethylsulfoxide	二甲基亚砜
DTT	Dithiothreitol	二硫苏糖醇
Em	Emission	发射
Ex	Excitation	激发
FRET	Fluorescence resonance energy transfer	荧光能量共振转移
HCV	Hog cholera virus	猪瘟病毒
HPLC	High performance liquid chromatography	高效液相色谱
IBV	Infectious bronchitis virus	传染性支气管炎病毒
NDV	Newcastal disease virus	新城疫病毒
-NH2	Amine	胺
PAGE	Polyacrylamide gel electrophoresis	聚丙烯酰胺凝胶电泳
PBP	Phycobiliprotein	藻胆蛋白
PBS	Phosphate buffered saline	磷酸盐缓冲液
PCB	Phycocyanobilin	藻蓝胆素
PCV-2	Porcine circovirus	猪圆环病毒
PDT	2-pyridyldithio	二硫吡啶基
PEB	Phycoerythrobilin	藻红胆素
pI	Isoelectric point	等电点

续表

英文缩写	英文全称	中文注释
PRRSV	Porcine reproductive and respiratory syndrome	蓝耳病病毒
PUB	Phycourobilin	藻尿胆素
PVB	Phycoviolobilin	藻紫胆素
RPC	R–phycocyanin	R–藻蓝蛋白
RPE	R–phycoerythrin	R–藻红蛋白
SDS	Sodium dodecyl sulfate	十二烷基磺酸钠
–SH	Sulfhydryl	巯基
SMCC	Succinimidyl–4–［N–maleimidomethyl］–cyclohexane–1–carboxylate	琥珀酰亚胺–4–（N–甲基马来酰亚胺）环已烷–1–碳酸酯）
SPDP	N–hydroxysuccinimidyl–3–（2–pyridyldithio）propionate	N–琥珀酰亚胺3–（2–吡啶基二硫）丙酸酯